数学思维秘籍

图解法学数学，很简单

⑩

四川教育出版社

图书在版编目（CIP）数据

数学思维秘籍：图解法学数学，很简单. 10，趣味
练习 / 刘薰宇著. -- 成都：四川教育出版社，2020.10
ISBN 978-7-5408-7414-8

Ⅰ. ①数… Ⅱ. ①刘… Ⅲ. ①数学—青少年读物
Ⅳ. ①O1-49

中国版本图书馆CIP数据核字(2020)第147846号

数学思维秘籍　图解法学数学，很简单　10 趣味练习
SHUXUE SIWEI MIJI TUJIEFA XUE SHUXUE HEN JIANDAN 10 QYUWEI LIANXI

刘薰宇　著
出 品 人　雷　华
责任编辑　吴贵启
封面设计　郭红玲
版式设计　石　莉
责任校对　林蓓蓓
责任印制　高　怡
出版发行　四川教育出版社
地　　址　四川省成都市黄荆路13号
邮政编码　610225
网　　址　www.chuanjiaoshe.com
制　　作　大华文苑（北京）图书有限公司
印　　刷　三河市刚利印务有限公司
版　　次　2020年10月第1版
印　　次　2020年11月第1次印刷
成品规格　145mm×210mm
印　　张　4
书　　号　ISBN 978-7-5408-7414-8
定　　价　198.00元（全10册）

如发现质量问题，请与本社联系。总编室电话：（028）86259381
北京分社营销电话：（010）67692165　北京分社编辑中心电话：（010）67692156

前 言

　　为了切实加强我国数学科学的教学与研究，科技部、教育部、中科院、自然科学基金委联合制定并印发了《关于加强数学科学研究工作方案》。方案中指出数学实力往往影响着国家实力，几乎所有的重大发现都与数学的发展与进步相关，数学已经成为航空航天、国防安全、生物医药、信息、能源、海洋、人工智能、先进制造等领域不可或缺的重要支撑。这充分表明国家对数学的高度重视。

　　特别是随着大数据、云计算、人工智能时代的到来，在未来生活和生产中，数学更是与我们息息相关，数学科学和人才尤其重要。华为公司创始人兼总裁任正非曾公开表示："其实我们真正的突破是数学，手机、系统设备是以数学为中心。"

　　数学是一门通用学科，是很多学科与科学的基础。在未来社会，数学将是提高竞争力的关键，也是国家和民族发展繁荣的抓手。所以，数学学习应当从娃娃抓起。

　　同时，数学是一门逻辑性非常强而且非常抽象的学科。让数学变得生动有趣的关键，在于教师和家长能正确地引导孩子，精心设计数学教学和辅导，提高孩子的学习兴趣。在数学教学与辅导中，教师和家长应当采取多种方法，充分调动孩子的好奇心和求知欲，使孩子能够感受学习数学的乐趣和收获成功的喜悦，从而提高他们自主学习和解决问题的兴趣与热情。

为了激发广大少年儿童学习数学的兴趣，我们特别推出了《数学思维秘籍》丛书。它集中了我国著名数学教育家刘薰宇的数学教学经验与成果。刘薰宇老师1896年出生于贵阳，毕业于北京高等师范学校数理系，曾留学法国并在巴黎大学研究数学，回国后在许多大学任教。新中国成立后，刘老师曾担任人民教育出版社副总编辑等职。

刘老师曾参与审定我国中小学数学教科书，出版过科普读物，发表了大量数学教育方面的论文。著有《解析几何》《数学的园地》《数学趣味》《因数与因式》《马先生谈算学》等。他将数学和文学相结合，用图解法直接解答有关数学问题，非常生动有趣。特别是介绍数学理论与方法的文章，通俗易懂，既是很好的数学学习导入点，也是很好的数学启蒙读物，非常适合中小学生阅读。

刘老师的作品对著名物理学家、诺贝尔奖得主杨振宁，著名数学家、国家最高科学技术奖获得者谷超豪，著名数学家齐民友，著名作家、画家丰子恺等都产生过深远影响，他们都曾著文记述。杨振宁曾说，曾有一位刘薰宇先生，写过许多通俗易懂和极其有趣的数学文章，自己读了才知道排列和奇偶排列这些极为重要的数学概念。谷超豪曾说，刘薰宇的作品把他带入了一个全新的世界。

在当前全国掀起学习数学热潮的大好形势下，我们在忠实于原著的基础上，对部分语言进行了更新；对作品进行了拆分和优化组合，且配上了精美插图；更重要的是，增加了相应的公式定理、习题讲解、奥数试题、课外练习及参考答案等。对原著内容进行的丰富和拓展，使之更适合现代少年儿童阅读、理解和运用，从而更好地帮助孩子开拓数学思维。相信本书将对广大少年儿童、教师以及家长具有较强的启迪和指导作用。

目 录

◆ 让原分数现出原形

今天所讲的是关于分数自身变化的问题，大都是在某些条件下，找出原分数来，所以，我就给它起了一个标题"让原分数现出原形"。

"先从前面举过的例子说起。"马先生说了这么一句，就在黑板上写出下面的例题。

例1：有一分数，其分母加1，则可约分为 $\frac{3}{4}$；其分母加2，则可约分为 $\frac{2}{3}$。求原分数。

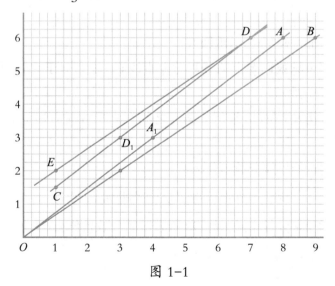

图 1-1

　　"有理无理，从画线起。"马先生这样说，就叫我们把表示 $\frac{3}{4}$ 和 $\frac{2}{3}$ 的线画出来。我们只好遵命照办，如图1-1，画 OA 表示 $\frac{3}{4}$，OB 表示 $\frac{2}{3}$。画完后，我们就束手无策了。

　　"很简单的事情，往往会想得复杂起来，弄得此路不通。"马先生微笑着说，"OA 表示 $\frac{3}{4}$，不错，但 $\frac{3}{4}$ 是哪儿来的呢？我替大家回答吧，是原分数的分母加上1来的。假使原分母不加上1，画出来当然不是 OA 了。

　　"现在，我们来画一条和 OA 水平方向距离为1的平行线 CD。CD 如果表示分数，那么，它和 OA 上所表示的分子相同的分数，如 D_1 和 A_1（分子都是3），它们的分母有怎样的关系？"

　　"相差1。"我回答。

　　"这两条直线上所有的同分子分数，它们的分母之间的关系都一样吗？"

　　"都一样！"周学敏回答。

　　"可见我们要求的分数总在直线 CD 上。对于 OB 来说又应当怎样呢？"

　　"作 ED 和 OB 平行，两者之间在水平方向上相距2。"王有道说。

　　"对的！原分数是什么？"

　　"$\frac{6}{7}$，就是点 D 所示的。"大家都非常高兴。

　　"和它分子相同，线 OA 所表示的分数是什么？"

　　"$\frac{6}{8}$，就是 $\frac{3}{4}$。"周学敏说。

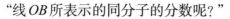

"线 OB 所表示的同分子的分数呢？"

"$\dfrac{6}{9}$，就是 $\dfrac{2}{3}$。"我说。

"这两个分子都是6的分数的分母与原分数的分母比较有什么区别？"

"一个多1，一个多2。"由此可见，所求出的结果是不容怀疑的了。

这道题的计算方法，马先生叫我们这样想：

"分母加上1，分数变成了 $\dfrac{3}{4}$，分母是分子的多少倍？"

我想，假如分母不加1，分数就是 $\dfrac{3}{4}$，那么，分母当然是分子的 $\dfrac{4}{3}$ 倍。由此可知，原分数的分母比分子的 $\dfrac{4}{3}$ 少1。对了，由第二个条件可知，分母比分子的 $\dfrac{3}{2}$ 少2。

两个条件拼凑起来，便得：分子的 $\dfrac{3}{2}$ 和 $\dfrac{4}{3}$ 相差的是2和1的差。

所以分子为 $(2-1)\div\left(\dfrac{3}{2}-\dfrac{4}{3}\right)=1\div\dfrac{1}{6}=6$，

分母为 $6\times\dfrac{4}{3}-1=8-1=7$。

例2：有一个分数，分子加1，则可约分成 $\dfrac{2}{3}$；分母加1，则可约分成 $\dfrac{1}{2}$。求原分数。

这次，又用得着依样画葫芦了。如图1-2，先画线 OA 和 OB 分别表示 $\dfrac{2}{3}$ 和 $\dfrac{1}{2}$。再在 OA 的下面，纵向和它相距1处，作 OA 的平行线 CD。又在 OB 的左侧，和它相距1，作 OB 的平行线 ED，同 CD 交于点 D。

由点 D 可得原分数是 $\frac{5}{9}$。分子加 1，成 $\frac{6}{9}$，即 $\frac{2}{3}$；分母加 1，成 $\frac{5}{10}$，即 $\frac{1}{2}$。

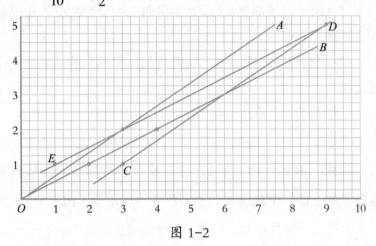

图 1-2

由第一个条件，知道分母比分子的 $\frac{3}{2}$ 倍多 $\frac{3}{2}$。

由第二个条件，知道分母比分子的 2 倍少 1。

所以分子为 $\left(\frac{3}{2}+1\right)\div\left(2-\frac{3}{2}\right)=\frac{5}{2}\div\frac{1}{2}=5$，

分母为 $5\times\frac{3}{2}+\frac{3}{2}=\frac{15}{2}+\frac{3}{2}=\frac{18}{2}=9$。

例3：某分数，分子减去 1 或分母加上 2，都可约分成 $\frac{1}{2}$，原分数是什么？

这道题真是奇妙！就画法上说：因为分子减去 1 或分母加上 2，都可约分成 $\frac{1}{2}$，和前两题比较，表示分数的两条线 OA、OB 当然并成了一条 OA。又因为分子是"减去" 1，画 OA 的平行线 CD 时，就得和前题相反，需要画在 OA 的上面，如图 1-3。

然而这么一来，却使我有些迷糊了。依第二个条件所画的线，也就是 CD，方法没有错，但结果呢？

马先生看我们画好图以后，这样问："你们求出来的原分数是什么？"

我不知道怎样回答，周学敏却说是 $\frac{3}{4}$。这答数当然是对的。

图 1-3 中的 E_2 表示的就是 $\frac{3}{4}$，并且分子减去 1，得 $\frac{2}{4}$；分母加上 2，得 $\frac{3}{6}$，约分后都是 $\frac{1}{2}$。但 E_1 所指示的 $\frac{2}{2}$，分子减去 1 得 $\frac{1}{2}$，分母加上 2 得 $\frac{2}{4}$，约分后也是 $\frac{1}{2}$。还有 E_3 所指的 $\frac{4}{6}$，E_4 所指的 $\frac{5}{8}$，都是符合题中的条件的。为什么这道题会有这么多答数呢？

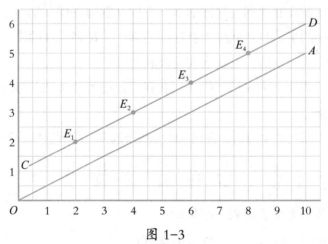

图 1-3

马先生听了周学敏的回答，便问："还有别的答数没有？"

大家你说一个，他说一个，把 $\frac{2}{2}$、$\frac{4}{6}$ 和 $\frac{5}{8}$ 都说了出来。最奇怪的是，王有道回答一个 $\frac{11}{20}$。不错，分子减去 1 得 $\frac{10}{20}$，分

母加上2得$\frac{11}{22}$，约分以后都是$\frac{1}{2}$。

我的图画得小了一点儿，在上面找不出来。不过王有道的图比我的也大不了多少，上面也没有指示出$\frac{11}{20}$这一点，他从什么地方得出来的呢？

马先生似乎也觉得奇怪，问王有道："这$\frac{11}{20}$，你从什么地方得出来的？"

"偶然想到的。"他这样回答。在他也许比较明白，在我却不知原因。只好静候马先生来解答这个谜了。

"这道题，你们已说出了五个答数。"马先生说，"其实你们要多少个都有，比如说，$\frac{6}{10}$、$\frac{7}{12}$、$\frac{8}{14}$、$\frac{9}{16}$、$\frac{10}{18}$……都是。大家以前没有碰到过这样的事，所以会觉得奇怪，是不是？但有这样的事，自然就应当有这样的理。无论多么怪的事，我们把它弄明白以后，它就会变得极其平常了。

"现在，大家试着把你们和我说过的答数按照分母的大小顺序排序。"

遵照马先生的话，我把这些分数排起来，得到这样一列数：

$$\frac{2}{2}、\frac{3}{4}、\frac{4}{6}、\frac{5}{8}、\frac{6}{10}、\frac{7}{12}、\frac{8}{14}、\frac{9}{16}、\frac{10}{18}、\frac{11}{20}……$$

我马上就看出来一些规律：

第一，分母是一列连续的偶数；

第二，分子是一列连续的整数。

照这样推下去，当然$\frac{12}{22}$、$\frac{13}{24}$、$\frac{14}{26}$……都对，真像马先生所说的"要多少个都有"。我所看出来的情形，大家一样都看了出来。

马先生问明白后，说："现在大家已经看到'有这样的事'了，我们应当进一步来找所以'有这样的事'的'理'。不过你们姑且把这个问题先放在一旁，先讲本题的计算方法。"

接着前两道题看下来，这是很容易的。

由第一个条件，分子减去1，可约分成$\frac{1}{2}$，可见分母等于分子的2倍少2。由第二个条件，分母加上2，也可约分成$\frac{1}{2}$，可见分母加上2等于分子的2倍。

到了这一步，我才恍然大悟，感到了"拨开云雾见青天"的快乐！原来半斤和八两没有两样。这两个条件，"分母等于分子的2倍少2"和"分母加上2等于分子的2倍"其实只是一个，"分子等于分母的一半加上1"。

前面所举出的一列分数，都符合这个条件。因此，那一列分数的分母都是"偶数"，而分子是一列连续的整数。这样一来，随便用一个"偶数"作分母，都可以找出一个符合题意的分数来。

例如，用100作分母，它的一半是50，加上1，是51，即$\frac{51}{100}$，分子减去1，得$\frac{50}{100}$；分母加上2，得$\frac{51}{102}$。约分后，它们都是$\frac{1}{2}$。假如，我们用"整数的2倍"表示"偶数"，这道题的答数就是一个这样形式的分数：

$$\frac{某整数+1}{2\times某整数}。$$

这个情形，从图上怎样解释呢？我想起了在交差原理中有这样的话："两线不止一个交点会怎么样？"

"那就是不止一个答案……"

这里，两线合成了一条，自然可以说有无穷个交点，而答案也就有无数个了。把它弄明白以后，它就变得非常平常了。

例4：从 $\frac{15}{23}$ 的分母和分子中减去同一个数，则可约分成 $\frac{5}{9}$，求所减去的数。

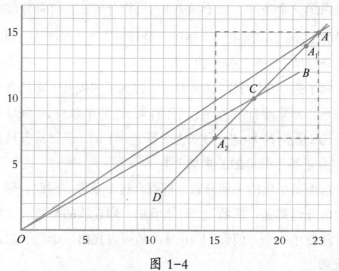

图 1-4

因为题中说的有两个分数，我们首先就把表示它们的两条直线 OA 和 OB 画出来（如图1-4）。点 A 所表示的就是 $\frac{15}{23}$。题目说的是从分母和分子中减去同一个数，可约分成 $\frac{5}{9}$，我就想到在 OA 的上、下都画一条平行线，并且它们距 OA 相等。

这下我又走入迷魂阵了！减去是什么数还不知道，这平行线怎样画呢？大家都发现了这个难点，还是由马先生来解决。

"这回不能依样画葫芦了。"马先生说，"假如你们已经知道了减去的数，照抄老文章，怎样画呢？"

我把我所想到的说了出来。马先生接着说："这条路走错

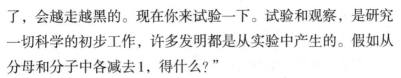

了，会越走越黑的。现在你来试验一下。试验和观察，是研究一切科学的初步工作，许多发明都是从实验中产生的。假如从分母和分子中各减去1，得什么？"

"$\frac{14}{22}$。"我回答。

"各减去8呢？"

"$\frac{7}{15}$。"我再答道。

"你把这两个分数在图上标记出来，看它们和表示$\frac{15}{23}$的点A有什么关系？"

我画出点A_1和A_2，一看，它们都在经过小方格的对角线AD上。我就把它们连起来，这条直线和OB交于点C。点C所表示的分数是$\frac{10}{18}$，它的分母和分子比$\frac{15}{23}$的分母和分子都差5，而约分以后正是$\frac{5}{9}$。原来所减去的数，当然是5。结果得出来了，但是为什么这样一画，就可得出答案呢？

关于这一点，马先生的说明是这样的："从原分数的分母和分子中'减去'同一个数，所得的数用'点'表示出来，如点A_1和A_2。就分母说，当然要在经过点A这条纵线的'左'侧；就分母说，在经过点A这条横线的'下'面。并且，因为减去的是'同一个'数，所以这些点到这纵线和横线的距离相等。"

"这两条线看成是正方形的两边。正方形对角线上的点，无论哪一点，到两边的距离都一样长。反过来，到正方形两边距离一样长的点，也都在这条对角线上，所以只画对角线AD就行了。"

"它上面的点到经过点A的纵线和横线距离既然相等，则

这点所表示的分数的分母和分子与点 A 所表示的分数的分母和分子，所差的当然相等了。"

现在转到本题的算法。分母和分子所减去的数相同，换句话说，便是它们的差是一定的。这一来，就和《图解运算》中所讲的年龄的关系相同了。我们可以设想为：

哥哥 23 岁，弟弟 15 岁，若干年前，哥哥年龄是弟弟年龄的 $\frac{9}{5}$ （因为弟弟年龄是哥哥年龄的 $\frac{5}{9}$ ）。它的算法便是：

$$15-(23-15)\div\left(\frac{9}{5}-1\right)=15-8\div\frac{4}{5}=15-10=5。$$

例5：有大小两数，小数是大数的 $\frac{2}{3}$ 。如果两数各加 10，那么小数为大数的 $\frac{9}{11}$ 。求各数。

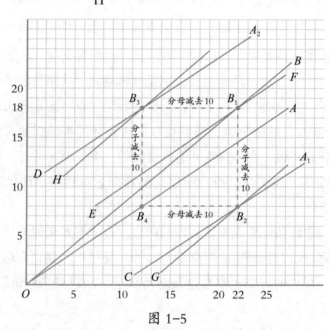

图 1-5

"用这道容易的题目来结束分数四则运算问题，大家自己先画个图看看。"马先生说。

听到"容易"这两个字，反而使我感到有点儿莫名其妙了。如图 1-5，我先画 OA 表示 $\frac{2}{3}$，又画 OB 表示 $\frac{9}{11}$。按照题目所说的，小数是大数的 $\frac{2}{3}$，我就把小数看成分子，大数看成分母，这个分数可约分成 $\frac{2}{3}$。两数各加上 10，则小数为大数的 $\frac{9}{11}$。这就是说，原分数的分子和分母各加上 10，则可约分成 $\frac{9}{11}$。再在 OA 的右侧，横向相隔 10 作直线 CA_1 和它平行。又在 OA 的上面，纵向相隔 10 作直线 DA_2 和它平行。我想 CA_1 表示分母加了 10，DA_2 表示分子加了 10，它们和 OB 一定有什么关系，可以用这个关系找出所要求的答案。哪里知道，三条直线毫不相干！容易！我却失败了！

我硬着头皮向马先生请教。他说："这又是'六窍皆通'了。CA_1 既然表示分母加了 10 的分数，再把这个分数的分子也加上 10，不就和 OB 所表示的分数相同了吗？"

我还是有点儿摸不着头脑，只知道，DA_2 这条线是不必画的。另外，应当在 CA_1 的上面纵向相隔 10 画一条平行线。我将这条直线 EF 画出来，就和 OB 有了一个交点 B_1。它表示的分数是 $\frac{18}{22}$，从它的分子中减去 10，得 CA_1 上的点 B_2，它表示的分数是 $\frac{8}{22}$。

所以，不画 EF，而画 GB_2 平行于 OB_1，表示从 OB 所表示分数的分子中减去 10，也是一样。GB_2 和 CA_1 交于点 B_2，又从这个分数的分母中减去 10，得 OA 上的点 B_4，表示的分数是 $\frac{8}{12}$。这个分数约分后正好是 $\frac{2}{3}$。小数是 8，大数是 12，就是所求的答案了。

从图上看，DA_2 这条线也未尝不可用。EF 也和它平行，在 EF 左侧横向相隔 10。DA_2 表示原分数分子加上 10 的分数，EF 就表示这个分数的分母也加上 10 的分数。这就是点 B_1 所表示的分数 $\frac{18}{22}$ 了。

从 B_1 分母中减去 10 得 DA_2 上的点 B_3，它指分数 $\frac{18}{12}$。由 B_3 指的分数分子中减去 10，还得点 B_4。如果不画 EF，而在 OB 左侧横向相距 10，作 HB_3 和 OB 平行，交 DA_2 于点 B_3 也可以。这是左右逢源。

计算方法，倒是容易：两数各加上 10，则小数为大数的 $\frac{9}{11}$。换句话说，便是小数加上 10 等于大数的 $\frac{9}{11}$ 加上 10 的 $\frac{9}{11}$。而小数等于大数的 $\frac{9}{11}$，加上 10 的 $\frac{9}{11}$，减去 10。

再由第一个条件——小数是大数的 $\frac{2}{3}$，可知大数的 $\frac{9}{11}$ 和它的 $\frac{2}{3}$ 的差，是 10 和 10 的 $\frac{9}{11}$ 差。

所以大数为 $\left(10-10\times\frac{9}{11}\right)\div\left(\frac{9}{11}-\frac{2}{3}\right)$

$$=\left(10-\frac{90}{11}\right)\div\left(\frac{9}{11}-\frac{2}{3}\right)$$

$$=\frac{20}{11}\div\frac{5}{33}$$

$$=12,$$

小数为 $12\times\frac{2}{3}=8$。

基本题型与例解

一个分数，分子和分母的变化无疑是加减乘除的变化，所以当一个分数的分子或分母加、减或乘、除一个数时，只需要用逆向思维便可得到原来的数。比如：

一个数的分子减4、分母加3后得到一个新的分数，求原来的分数。只需要将新分数的分子加4，分母减3即可，这种情况只针对最简分数。

例1：一个最简分数，把它的分子扩大到原来的2倍，分母缩小到原来的$\frac{1}{3}$，得$\frac{4}{9}$。这个最简分数是多少？

分析：在分数中，分子与分母只有公因数1的分数为最简分数。这道题目的前提是一个最简分数，分子扩大到原来的2倍，分母缩小到原来的$\frac{1}{3}$，得$\frac{4}{9}$，那么这个最简分数的分子应为新分数的分子4缩小$\frac{1}{2}$，分母应为新分数的分母9扩大到3倍，得$\frac{4\div2}{9\times3}=\frac{2}{27}$。

解：根据题意，得

分子：$4\times\frac{1}{2}=2$；分母：$9\times3=27$。

所以这个最简分数是$\frac{2}{27}$。

例2：一个分数，分子和分母的和是24，分数值是$\frac{3}{5}$。这个分数是多少？

分析：（方法一）分数值是$\frac{3}{5}$，就是可以把分母看作5份、分子看作3份，一共8份。而分子、分母的和是24，所

以1份就是24÷8=3。所以分子是3×3=9，分母是5×3=15。

（方法二）设分子是x，分母是y。根据题意列二元一次方程组，解答即可。

解：（方法一）24÷（3+5）=3，

分子：3×3=9；分母：5×3=15。

（方法二）设分子是x，分母是y。根据题意，得

$$\begin{cases} x+y=24, \\ \dfrac{x}{y}=\dfrac{3}{5}。 \end{cases}$$

解得 $\begin{cases} x=9, \\ y=15。 \end{cases}$

所以这个分数是$\dfrac{9}{15}$。

应用习题与解析

1．基础练习题

（1）把一个分数约分，用3约分2次，用2约分1次，最后得到$\dfrac{2}{5}$，请问原来的分数是多少？

考点：分数的灵活运用。

分析：由分数约分的概念可知，约分是分子和分母同时除以它们的公因数，得到最简分数。所以只需乘它们的公因数即可求出原分数。

解：分子：2×2×3×3=36；分母：5×2×3×3=90。

所以原来的分数是$\dfrac{36}{90}$。

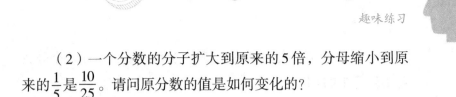

（2）一个分数的分子扩大到原来的5倍，分母缩小到原来的 $\frac{1}{5}$ 是 $\frac{10}{25}$ 。请问原分数的值是如何变化的？

考点：求原分数值的变化。

分析：解决此题，可以设出这个分数，然后根据分子扩大到原来的5倍、分母缩小到原来的 $\frac{1}{5}$ ，将得到的新分数与原分数比较即可。

解：设原来的分数为 $\frac{b}{a}$ ，则分子扩大到原来的5倍，分母缩小到原来的 $\frac{1}{5}$ 后为 $\frac{5b}{\frac{1}{5}a} = 25 \times \frac{b}{a}$ 。

所以这个分数扩大到原来的25倍。

（3）在下面各种情况下，正分数有何变化？

①分子扩大到原来的4倍，分母不变；

②分子缩小到原来的 $\frac{1}{6}$ ，分母不变；

③分母扩大到原来的10倍，分子不变。

考点：分数自身的变化问题。

分析：一个正分数的分子越大，分数的值越大；分母越大，分数的值越小。①分子扩大到原来的4倍，分母不变，就相当于将这个分数乘4，所以这个分数扩大到原来的4倍。②分子缩小到原来的 $\frac{1}{6}$ ，分母不变，就相当于将这个分数乘 $\frac{1}{6}$ （除以6），也相当于将分母扩大到原来的6倍，所以这个分数就缩小到原来的 $\frac{1}{6}$ 。③分母扩大到原来的10倍，分子不变，就相当于将这个分数除以10（乘 $\frac{1}{10}$ ），所以这个分数就缩小到原来的 $\frac{1}{10}$ 。

解：①分子扩大到原来的4倍，分母不变，所以这个分数扩大到原来的4倍。

②分子缩小到原来的 $\frac{1}{6}$，分母不变，这个分数就缩小到原来的 $\frac{1}{6}$。

③分母扩大到原来的10倍，分子不变，这个分数就缩小到原来的 $\frac{1}{10}$。

2. 巩固提高题

（1）一个分数的分子加上9，分母扩大到原来的4倍后是 $\frac{12}{32}$。这个分数是多少？

考点：求原分数。

分析：分子加上9后是12，那么原分子是12-9=3；分母扩大到原来的4倍后是32，那么原分母是32÷4=8。由此可得原分数为 $\frac{3}{8}$。

解：分子：12-9=3；分母：32÷4=8。

所以这个分数为 $\frac{3}{8}$。

（2）一个分数，分子和分母的和是28，如果分子减去2，这个分数就等于1。请问这个分数是多少？

考点：求原分数。

分析：（方法一）根据"如果分子减去2，这个分数就等于1"说明分子比分母大2，那么分母是（28-2）÷2=13，分子是13+2=15。由此可得原分数。（方法二）设分子是 x，分母是 y，根据题意可列二元一次方程组 $\begin{cases} x+y=28, \\ \dfrac{x-2}{y}=1。 \end{cases}$ 解答即可。

解：（方法一）

分母：$(28-2)\div2=13$；分子：$13+2=15$。

（方法二）设分子是x，分母是y。根据题意，得

$$\begin{cases} x+y=28, \\ \dfrac{x-2}{y}=1。 \end{cases}$$

解得 $\begin{cases} x=15, \\ y=13。 \end{cases}$

所以这个分数是 $\dfrac{15}{13}$。

奥数习题与解析

1. 基础训练题

（1）一个最简真分数，分子、分母相乘得63。这个最简真分数是多少？

分析：在分数中，分子与分母只有公因数1的分数为最简分数，分子小于分母的分数为真分数。本题已知一个最简真分数的分子、分母的积是63，由此可将63分解成两个互质数的积，即可知这个分数。

解：$63=1\times63=7\times9$。

所以这个最简真分数是 $\dfrac{1}{63}$ 或 $\dfrac{7}{9}$。

（2）一个分数的分子、分母的和是114，如果将分子、分母同时加上23，约分后是 $\dfrac{1}{3}$。原来的分数是多少？

分析：新的分数约分后是 $\dfrac{1}{3}$，就是新分数的分子占新分数

分子与分母和的 $\dfrac{1}{1+3}$，分母占新分数分子与分母和的 $\dfrac{3}{1+3}=\dfrac{3}{4}$，新分数的分子与分母的和是 $114+23+23=160$。由此可求出新分数的分子和分母，用新分子减 23，就是原分子，用新分母减 23，就是原分母。据此解答。

解：新分数的分子是：

$$（114+23+23）\times \dfrac{1}{1+3}$$

$$=160\times \dfrac{1}{4}$$

$$=40；$$

新分数的分母是：

$$（114+23+23）\times \dfrac{3}{1+3}$$

$$=160\times \dfrac{3}{4}$$

$$=120。$$

原分数的分子是 $40-23=17$；

原分数的分母是 $120-23=97$。

所以原分数是 $\dfrac{17}{97}$。

2. 拓展训练题

（1）一个带分数，它的分子是 3，把它化成假分数后，分子是 19。这个带分数可能是多少？

分析：带分数的分子是 3，化成假分数后，分子变成 19，用 $19-3=16$ 就是原分数的整数部分与分母相乘的积，即原分数的分母是 16 的因数，16 的因数有：1、2、4、8、16，分母要小于或等于 16，又因为带分数的分数部分的分子是 3，所以

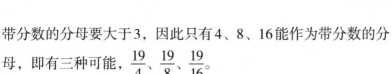

带分数的分母要大于3，因此只有4、8、16能作为带分数的分母，即有三种可能，$\frac{19}{4}$、$\frac{19}{8}$、$\frac{19}{16}$。

　　解： 原分数的整数部分与分母相乘的积为 $19-3=16$。

16的因数有1、2、4、8、16。

　　根据题意可知，分母要小于或等于16，带分数的分母要大于3，所以有三种可能，即

$$\frac{19}{4}、\frac{19}{8}、\frac{19}{16}。$$

$$\frac{19}{4}=4\frac{3}{4}，\quad \frac{19}{8}=2\frac{3}{8}，\quad \frac{19}{16}=1\frac{3}{16}。$$

　　所以这个带分数可能是 $4\frac{3}{4}$、$2\frac{3}{8}$ 和 $1\frac{3}{16}$。

　　（2）一个分数的分子缩小到原来的 $\frac{1}{2}$ 后是 $\frac{1}{25}$，那么原分数的分母扩大到原来的几倍后分数变为 $\frac{1}{50}$？

　　分析： 一个正分数，分子越大，分数越大；分母越大，分数越小。一个分数的分子缩小到原来的 $\frac{1}{2}$ 后是 $\frac{1}{25}$，那么原分数是 $\frac{1}{25}÷\frac{1}{2}=\frac{2}{25}$。要使分数变为 $\frac{1}{50}$，那么分母应扩大 $\frac{2}{25}÷\frac{1}{50}=4$（倍）。

　　解： $\frac{1}{25}÷\frac{1}{2}=\frac{2}{25}$，

　　　　$\frac{2}{25}÷\frac{1}{50}=4$。

　　所以原分数的分母扩大到原来的4倍后分数变为 $\frac{1}{50}$。

课外练习与答案

1. 基础练习题

（1）一个分数，分子和分母的和是24，分数值是$\frac{1}{2}$。这个分数是多少？

（2）一个最简分数，分子和分母的和是9，这个最简分数可能是多少？

（3）一个最简真分数，它的分子缩小到原来的$\frac{1}{3}$，分母扩大到原来的5倍后是$\frac{2}{7}$，原分数是多少？

（4）一个带分数的分数单位是$\frac{1}{6}$，再添上5个这样的分数单位就是最小的合数，这个带分数是多少？

2. 提高练习题

（1）一个分数的分子扩大到原来的3倍，分母缩小到原来的$\frac{1}{3}$，所得的新分数是原分数的几倍？

（2）一个真分数的分母和分子的差是40，把这个分数约分后得$\frac{7}{15}$，这个真分数是多少？

（3）一个真分数的分子、分母同时加上20并约分后是$\frac{7}{9}$，这个真分数是多少？

3. 经典练习题

（1）分数$\frac{1}{13}$的分子、分母加上同一个数后得$\frac{1}{3}$，请问这个加上的数是多少？

（2）在一个最简分数的分子上加上一个数，这个分数就

等于 $\frac{5}{7}$；如果在这个分数的分子上减去同一个数，这个分数就

等于 $\frac{1}{2}$。这个最简分数是多少？

答　案

1. 基础练习题

（1）这个分数是 $\frac{8}{16}$。

（2）这个最简分数可能是 $\frac{1}{8}$、$\frac{2}{7}$、$\frac{4}{5}$、$\frac{5}{4}$、$\frac{7}{2}$。

（3）原分数是 $\frac{30}{7}$。

（4）这个带分数是 $3\frac{1}{6}$。

2. 提高练习题

（1）所得的新分数是原分数的9倍。

（2）原来这个真分数是 $\frac{35}{75}$。

（3）这个真分数是 $\frac{1}{7}$。（答案不唯一）

3. 经典练习题

（1）这个加上的数是5。

（2）这个最简分数是 $\frac{17}{28}$。

◆ 从简单比到比例

"这次我们又要换一个其他类型的题目了。"马先生走进课堂就说，"我先问大家，什么叫作比？"

"比就是比较。"周学敏说。

"那么，王有道比你高，李大成比你胖，我比你年龄大，这些都是比较，也就都是你所说的比了？"马先生说。

"不是的。"王有道说，"比是说一个数或量是另一个数或量的多少倍或几分之几。"

"对的，这种说法是对的。不过照前面我们说过的，如果把倍数的意义放宽一些，一个数的几分之几，和一个数的多少倍，本质上没有差别。"马先生说。

"依照这种说法，我们当然可以说，一个数或量是另一个数或量的多少倍，这就称为它们的比。求倍数用的是除法，现在我们将除法、分数和比，这三项进行一个比较，可以得出下面的关系："

除法—被除数—除数 — 商
  | | | |
分数 — 分子 — 分母—分数的值
  | | | |
比 — 前项 — 后项—比值

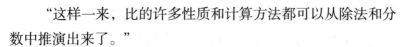

"这样一来，比的许多性质和计算方法都可以从除法和分数中推演出来了。"

马先生讲明了比的意义，停顿了一下，看看大家都没有什么疑问，接着又问："比例是什么？"

"四个数或量，如果两个两个所成的比相等，就说这四个数或量成比例。"王有道回答。

"那么成比例的四个数，用图线表示是什么情形？"马先生对于王有道的回答，大概是默许了。

"一条直线。"我想着，比和分数相同，两个比相等，自然和两个分数相等一样，它们应当在一条直线上。

"不错！"马先生说，"我们还可以说，一条直线上的任意两点，到纵线和横线的长总是成比例的。"

接着他又说："四个数或量所成的比例有几种？"

"两种：正比例和反比例。"周学敏回答。

"正比例和反比例有什么不同？"马先生问。

"四个数或量所成的两个比相等的，叫它们成正比例。一个比和另外一个比的倒数相等的，叫它们成反比例。"周学敏回答。

"反比例，我们暂且放下。单看正比例，请你们举一个例子。"马先生说。

"比如一个人，每小时走5千米路，2小时就走10千米，3小时就走15千米。距离和时间同时变大、变小，它们就成正比例。"王有道说。

"对不对？"马先生问。

"对！"好几个人回答。我也觉得是对的，不过因为马先

生既然提了出来，我想一定有什么不妥，所以没有说话。

"对是对的，不过欠严谨一点。"马先生批评说，"譬如，一个数和它的平方数，1和1、2和4、3和9、4和16……都是同时变大、变小，它们成正比例吗？"

"不！"周学敏说，"因为1比1是1，2比4是$\frac{1}{2}$，3比9是$\frac{1}{3}$，4比16是$\frac{1}{4}$……全不相等。"

"由此可见，四个数或量成正比例，不单是成比的两个数或量同时变大、变小，还要所变大或变小的倍数相同。这一点是一般人常常忽略的，所以他们常常会乱用'成正比例'这个词。比如说，圆的周长和圆的面积都是随着圆的半径一同变大、变小的，但圆的周长和圆的半径成正比例，而圆的面积和圆的半径就不成正比例。"

关于正比例的计算，马先生说，因为都很简单，不再举例，他只把可以看出正比例的应用的计算方法提出来。

第一，关于寒暑表（温度计）的计算。

例1：摄氏寒暑表上的20度，是华氏寒暑表上的几度？

"这个题目的要点是什么？"马先生问。

"两种表上的度数成正比例。"周学敏回答。

"还有呢？"马先生又问。

"摄氏表的冰点是零度，沸点是100度；华氏表的冰点是32度，沸点是212度。"一个同学回答。

"那么，它们两个的关系怎样用图线表示呢？"马先生问。

这本来没有什么困难，我们想一下就都会画了。纵线表示华氏的度数，横线表示摄氏的度数。因为从冰点到沸点，它们

度数的比是：

（212−32）∶100＝180∶100＝9∶5。

所以，如图2−1，从华氏的冰点F起，依照纵9横5的比画直线FA，表明的就是它们的关系。

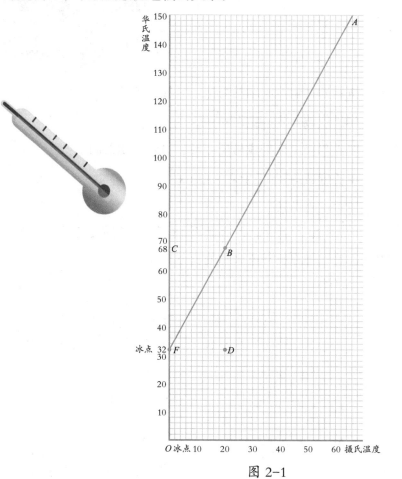

图 2−1

从20摄氏度，往上看得点B，由点B横看得68华氏度，这就是所求度数。用比例计算就是：

$$(212-32) : 100 = x : 20。$$

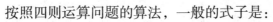

$$\begin{array}{ccc} \vdots & \vdots & \vdots \\ OF & FC & FD \end{array}$$

所以 $x = \dfrac{212-32}{100} \times 20 = \dfrac{180}{5} = 36$，

$36 + 32 = 68$。

$$\begin{array}{ccc} \vdots & \vdots & \vdots \\ FC & OF & OC \end{array}$$

按照四则运算问题的算法，一般的式子是：

华氏度数＝摄氏度数 $\times \dfrac{9}{5} + 32$。

要由华氏度数变成摄氏度数，自然是相似的了：

摄氏度数＝（华氏度数－32）$\times \dfrac{5}{9}$。

第二，百分法。

例2：20千克火药中有硝石15千克，硫黄2千克，木炭3千克。这三种原料各占火药的百分之几？

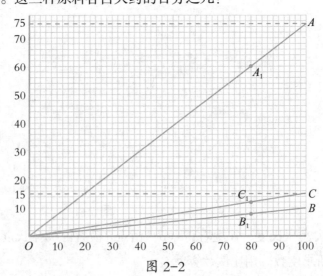

图 2-2

马先生叫我们先把这三种原料各占火药的几分之几计算出来，并且画图表明。这自然是很容易的：

硝石：$\frac{15}{20}=\frac{3}{4}$，硫黄：$\frac{2}{20}=\frac{1}{10}$，木炭：$\frac{3}{20}$。

在图2-2上，OA表示硝石和火药的比，OB表示硫黄和火药的比，OC表示木炭和火药的比。

"将这三个分数的分母都化成一百，各分数怎样？"我们将图画好以后，马先生问。这也是很容易的：

硝石：$\frac{3}{4}=\frac{75}{100}$，硫黄：$\frac{1}{10}=\frac{10}{100}$，木炭：$\frac{3}{20}=\frac{15}{100}$。

这三个分数，就是A、B、C三点所表示出来的。

"百分数，就是分母固定是100的分数，所以关于百分数的计算和分数的计算以及比的计算没有什么不同。分子就是比的前项，分母就是比的后项，百分数不过是用100作分母时的比值。"马先生把百分法和比这样比较，自然百分法只是比例的应用了。

例3：同例2，硫黄80千克可造多少火药？要掺杂多少硝石和木炭？

这是极容易的题目，只要由图（如图2-2）一看就知道了。在OB上，B_1表示8千克硫黄，从它往下看，相当于80千克火药；往上看，C_1表示12千克木炭，A_1表示60千克硝石。各数变大为原来的10倍，便是80千克硫黄可造800千克火药，要掺杂600千克硝石，120千克木炭。

用比例计算如下：

火药：$2:80=20:x$，$x=800$；

硝石：$2:80=15:y$，$y=600$；

木炭：$2:80=3:z$，$z=120$。

用百分法表示如下：

火药：$80÷10\%=80÷\dfrac{10}{100}=80×\dfrac{100}{10}=800$（千克）。

这是求分母。

硝石：$800×75\%=800×\dfrac{75}{100}=600$（千克）；

木炭：$800×15\%=800×\dfrac{15}{100}=120$（千克）。

这都是求分子。

用比例和用百分法计算，实在没有什么两样。不过习惯了的时候，用百分法比较简单一点儿罢了。

例4：定价4元的书，如果加价4成出售，售价是多少？

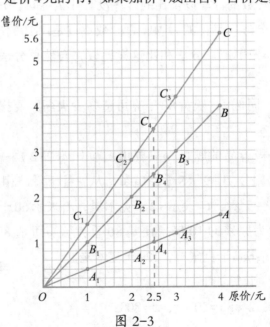

图 2-3

这道题的画图法，起先我以为很容易，但一动手，就感到困难了。图2-3中线 OA 表示 $\frac{40}{100}$，我是会画的。

但是，由它只能看出售价是1元加0.4元（A_1），2元加0.8元（A_2），3元加1.2元（A_3）和4元加1.6元（A）。固然，由此可以知道1元要卖1.4元，2元要卖2.8元，3元要卖4.2元，4元要卖5.6元。但这是算出来的，图上却找不到。

我照这些售价画成 C_1、C_2、C_3 和 C 各点，把它们连起来，得直线 OC。由 OC 上的 C_4 看，售价是3.5元。往下看到 OA 上的 A_4，加的是1元。再往下看，原价是2.5元。这些都是符合题意的。直线大概是画对了，不过对于画法，我总觉得不可靠。

周学敏和其他两个同学都和我犯同样的毛病，王有道怎样画的我不知道。我们拿这问题去问马先生，马先生说："你们是想把原价加到所加的价上面去，弄得没有办法了。不妨反过来，先将原价表示出来，再把所加的价加上去呢？"

原价本来在横线上表示得很清楚，怎样再来表示呢？我闷着头想，忽然想到了！要另外表示，是照原价出售的售价。这便成为1就是1，2就是2，我就画了线 OB。再把 OA 所表示的加价往上一加，就成了 OC。OC 仍旧是 OC，这画法就有了根据。

至于计算法，本题求的是分母与分子的和。由图上看得很明白，B_1、B_2、B_3……指的是分母；B_1C_1、B_2C_2、B_3C_3……指的是相应的分子；C_1、C_2、C_3……指的便是相应的分母与分子的和。即

分母与分子的和 = 分母 + 分子

$\qquad$ = 分母 + 分母 × 百分率

$\qquad$ = 分母 × （1 + 百分率）。

一加百分率，就是 C_1 所表示的。在本题，售价是

$4 \times (1 + 0.40) = 4 \times 1.40 = 5.6$（元）。

例5：上海某公司货物，按照定价加2成出售。运到某地需要加运费5成，某地商店按照成本再加2成出售。上海定价50元的货，某地的售价是多少？

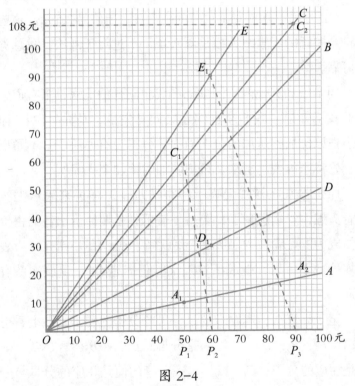

图 2-4

本题只是将上道题中的条件多重复两次，可以说不难。但我动手画图的时候，却碰了一次钉子。

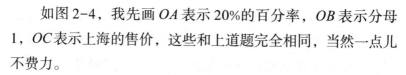

如图2-4，我先画 OA 表示20%的百分率，OB 表示分母1，OC 表示上海的售价，这些和上道题完全相同，当然一点儿不费力。

运费是按照上海的售价加5成，我作 OD 表示50%的百分率以后，却迷惑了，不知道怎样将这5成运费加到售价 OC 上去。要是去请教马先生，他一定要说我"六窍皆通"了。不只我一个人，大家都一样，一边用铅笔在纸上画，一边低着头想。

分母！分母！对于运费来说，上海的售价不就成了分母吗？"天下无难事，只怕想不通"。这一点想通了，真是再简单不过了。将 OD 所表示的百分率，加到 OB 所表示的分母上去，得直线 OE，它所表示的便是成本。

把成本又作分母，再加2成，仍然由直线 OC 表示，这就成了某地的售价。

是的！50元（ OP_1 ），加2成10元（ P_1A_1 ），上海的售价是60元（ P_1C_1 ）。

60元作分母，OP_2 加运费5成30元（ P_2D_1 ），成本是90元（ P_2E_1 ）。

90元作分母，OP_3 加2成18元（ P_3A_2 ），某地的售价是108元（ P_3C_2 ）。

算法是很容易的，如下：

$50 \times (1+0.20) \times (1+0.50) \times (1+0.20) = 108$ （元）。

例6：某市用十年前的物价作为标准，物价指数是150%。现在定价30元的物品，十年前的定价是多少？

"物价指数"是一个新鲜名词，马先生解释道："简单地说，一个时期的物价对于某一定时期物价的比，叫作物价指数。为了方便，作为标准的某一定时期的物价，算是一百。所以，将物价指数和百分比对照：一定时期的物价，便是分母；物价指数便是（1＋百分率）；现时的物价便是分子与分母的和。"

经过这样解释，我们已经懂得：本题已知分子与分母的和，与物价指数（1＋百分率），求分母。

如图2-5，先画OB表示1＋百分率，即150%。再画OA表示1，即100%。从纵线30那一点，横看到线OB得点B。由点B往下看得20元，就是十年前的物价。

算法是这样：30÷150%＝20（元）。这是由例4的公式可推出来的：分母＝分子与分母的和÷（1＋百分率）。

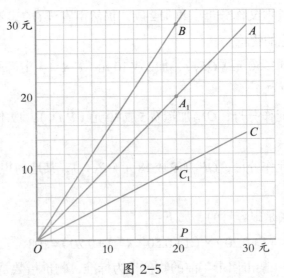

图 2-5

例7：同例6，现在的物价比十年前的物价上涨了多少？

这自然只是求分子的问题了。在图2-5中，线OA表示的是100%，就是十年前的物价。所以 A_1B 表示的10元，就是上涨的物价。因为 PB 是分子与分母的和，PA_1 是分母，PB 减去 PA_1 就是分子。

求分子的公式很明显是：分子＝分子与分母的和－分子与分母的和÷（1+百分率）。

例8：十年前定价20元的物品，现在定价30元，求所涨的百分率和物价指数。

这个题目，是从例6变化出来的。画图的方法当然相同，不过顺序变换一点儿。如图2-5，先画表示现价的 OB，再画表示十年前定价的 OA，从 A_1 向下截去 A_1B 的长得 C_1，连接 OC_1，得直线 OC，它表示的便是百分率：

$$PC_1 : OP = 10 : 20 = 50\%。$$

至于物价指数，就是100%加上50%，等于150%。

计算的公式是：

$$百分率 = \frac{分子与分母的和 - 分母}{分母} \times 100\%。$$

例9：定价15元的货物，按7折出售，售价是多少元？减去多少元？

大概是这些例题比较简单的缘故，没有一个人感到困难。不得不说，由于马先生详细指导，使我们一见到题目，就已经知道寻找它的要点了。这几道题，差不多都是我们自己做出来的，很少依赖马先生。

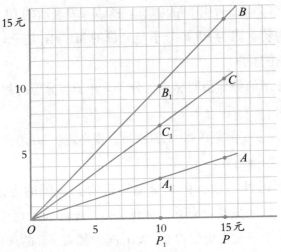

图 2-6

本题和例 4 相似，只是这里是减，那里是加。如图 2-6，先画表示百分率（30%）的线 OA，再画表示原价 1 的线 OB。由 PB 减去 PA 得 PC，连接 OC，它所表示的就是售价。CB 和 PA 相等，都表示减去的数量。

图 2-6 上表示得很清楚，售价是 10.5 元（PC），减去的是 4.5 元（PA 或 CB）。

在百分法中，这是求分母与分子差的问题。由前面的说明，很容易得出公式：

分母与分子差＝分母×（1－百分率）。

$$\vdots \qquad \vdots \qquad \vdots \quad \vdots$$

$$PC \qquad OP \qquad P_1B_1 \quad P_1A_1\,(C_1B_1)$$

在本题，就是：

$$15 \times (1 - 30\%) = 15 \times 0.70 = 10.5（元）。$$

例10：8折后再6折和双7折比较，哪种打折减去的多？

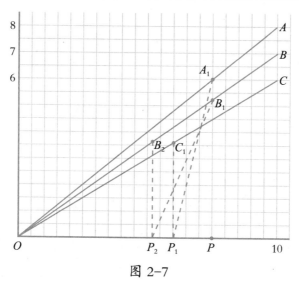

图 2-7

图 2-7 中的 OP 表示定价。OA 表示 8 折，OB 表示 7 折，OC 表示 6 折。

OP 打 8 折成 PA_1，将它作分母，就是 OP_1。OP_1 打 6 折，为 P_1C_1。

OP 打 7 折为 PB_1，将它作分母，就是 OP_2。OP_2 再打 7 折，为 P_2B_2。

P_1C_1 比 P_2B_2 短，所以 8 折后再 6 折比双 7 折减去的多。

例11：王成之按照定价减去 2 成买进的自行车，一年后折旧 5 成售出，得到 32 元。原来定价是多少？

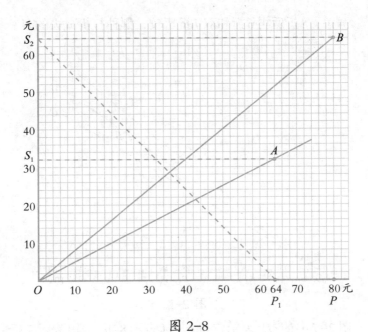

图 2-8

这也不过是多绕一个弯的问题。如图 2-8，OS_1 表示第二次的售价 32 元。OA 表示折去 5 成。OP_1，64 元，就是王成之的买价。用它作分子，即 OS_2，为原主的售价。

OB 表示折去 2 成。OP，80 元，就是原定价。

因为求分母的公式是：

分母 = 分母与分子的差 ÷（1 - 百分率），

所以算法是：

$$32 ÷ (1 - 50\%) ÷ (1 - 20\%)$$

$$= 32 ÷ \frac{50}{100} ÷ \frac{80}{100}$$

$$= 32 × 2 × \frac{5}{4}$$

$$= 80 （元）。$$

第三，单利息。

"100元，一年付10元的利息，利息占本金的百分之几？"马先生写完后问。

"10%。"我们一起回答。

"这10%叫作年利率。所谓单利息，是利息不再生利的计算法。两年的利息是多少？"马先生又问。

"20元。"一个同学回答。

"三年的呢？"

"30元。"周学敏回答。

"付利息的次数，叫作期数。你们知道求单利息的公式吗？"

"利息等于本金乘利率再乘期数。"王有道答道。

"好！这就是单利息算法的基础。它和百分法有什么不同呢？"

"多一个乘数，期数。"我回答。我也想到它和百分法没有什么本质的差别：本金就是分母，利率就是百分率，利息就是分子。

"所以，对于单利息，用不着多讲，画个图就可以了。"马先生说。

图一点儿也不难画，因为无论从本金或期数说，利息对它们都是定倍数（利率）的关系。图2-9中，横线表示年数，从1到10。纵线表示利息，0到120元。本金都是100元。

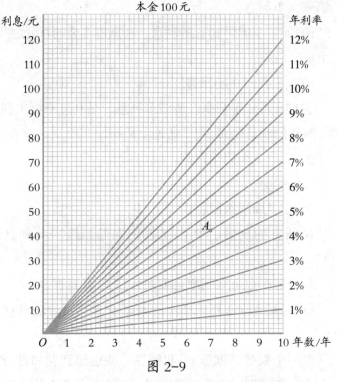

图 2-9

表示年利率的线共 12 条，依次是 1%、2%、3%、…、10%、11% 和 12%。这个图的用法并不只限于检查本金 100 元 10 年间每年按照所标利率的利息。本金不是 100 元的，也可由它推算出来。

例12：求本金 350 元，年利率 6%，7 年的利息。

本金 100 元，年利率 6%，7 年的利息是 42 元（A）。

本金 350 元的利息便是：

$$42 \times \frac{350}{100} = 147（元）。$$

所以年数不止十年的，也可由它推算出来。若把年数看成期数，则各种单利息都可由它推算出来。

例13：求本金400元，月利率2%，三年的利息。

本金100元，月利率2%，十期的利息是20元，六期的利息是12元，三十期的是60元，所以三年（共三十六期）的利息是72元。

本金400元的利息是：

$$72 \times \frac{400}{100} = 288 \text{（元）}。$$

若利率是图上没有的，则也可由它推算出来。

例14：本金360元，半年一期，半年的利率为14%，四年的利息是多少？

利率14%可看成12%加2%。半年一期，四年共八期。本金100元，利率12%，八期的利息是96元，利率2%的是16元，所以100元利率14%四年的利息是112元。

本金360元的利息是：

$$112 \times \frac{360}{100} = 403.2 \text{（元）}。$$

这些例题都是很简明的，真是"运用之妙，存乎一心"了！

基本概念与例解

1. 基本概念与例解

（1）基本概念

比：两个数相除又叫两个数的比。

比值：比的前项除以后项所得的商。

比例：表示两个比相等的式子。

项：组成比例的四个数。

外项：两端的两项。

内项：中间的两项。

正比例：如果 A 扩大到它的几倍（或缩小到它的几分之几），B 也扩大到它的几倍（或缩小到它的几分之几）（A、B 的商不变时），那么 A 与 B 成正比例。

（2）比、除法、分数的区别与联系

名称	联系				区别
比	前项	比号	后项	比值	一种关系
除法	被除数	除号	除数	商	一种运算
分数	分母	分数线	分子	分数值	一个数

①比的性质：

比的前项和后项同时乘或除以相同的数（0除外），比值不变。这叫作比的基本性质。用字母表示为：

$$\frac{a}{b}=\frac{a \cdot c}{b \cdot c}, \frac{a}{b}=\frac{a \div c}{b \div c} \ (c \neq 0)。$$

②求比值和化简比：

求比值的方法：用比的前项除以后项，它的结果是一个数值，可以是整数、小数或分数。

根据比的基本性质可以把比化成最简单的整数比。它的结果必须是一个最简比，即前、后项是互质的数。

例1：化简比6：3，并求出比值。

解：6：3

　　=（6÷3）：（3÷3）

　　=2：1；

　　　6：3

　　=6÷3

　　=2。

例2：化简比9：12，并求出比值。

解：9：12

　　=（9÷3）：（12÷3）

　　=3：4；

　　　9：12

　　=9÷12

　　=$\frac{3}{4}$

　　=0.75。

例3：$\frac{2}{3}$：5的前项乘3，要使比值不变，后项应加上几呢?

考点：比的基本性质，比的前项和后项同时乘或除以相同的数（0除外），比值不变。

分析：前项是$\frac{2}{3}$，$\frac{2}{3}×3=2$，就相当于前项扩大到原来

的3倍，根据比的基本性质，后项也应该扩大到原来的3倍，$5 \times 3 = 15$，$15 - 5 = 10$，所以要使比值不变，后项应该加上10。

解：因为$\frac{2}{3} : 5$

$$= \left(\frac{2}{3} \times 3 \right) : \left(5 \times 3 \right)$$

$$= 2 : 15，$$

所以$15 - 5 = 10$。

所以后项应该加上10。

（3）比例

①比例的意义：

组成比例的四个数，叫作比例的项。两端的两项叫作比例的外项，中间的两项叫作比例的内项。用字母表示为：

$$a : b = c : d \text{ 或 } \frac{a}{b} = \frac{c}{d}。$$

②比例的性质：

在比例中，两个外项的积等于两个内项的积，这叫作比例的基本性质。

如果$a : b = c : d$或$\frac{a}{b} = \frac{c}{d}$，那么$ad = bc$。（分数形式的比例式，两个分数的分子、分母交叉相乘的积相等）

③解比例：

根据比例的基本性质，已知比例中的任何三项，就可以求出这个比例中的另外一个未知项。求比例中的未知项，叫作解比例。

例4：解比例 $x:3=4:7$。

解：$7x=3\times 4$，

$$x=\frac{3\times 4}{7}，$$

$$x=\frac{12}{7}。$$

例5：解比例 $\frac{12}{7}=\frac{x}{14}$。

解：$7x=12\times 14$，

$$x=\frac{12\times 14}{7}，$$

$$x=24。$$

④正比例：

成正比例的量：两种相关联的量，一种量变化，另一种量也随之变化，如果这两种量中相对应的两个数的比值（也就是商）一定，这两种量就叫作成正比例的量，它们的关系叫作正比例关系。用字母表示为：

$$\frac{y}{x}=k（一定）。$$

特点：两个量变化的方向相同。

例6：A 的 $\frac{2}{5}$ 与 B 的 $\frac{1}{3}$ 相等，$A:B$ 等于多少？它们的比值是多少？

解：因为 $A\times \frac{2}{5}=B\times \frac{1}{3}$，

所以 $A:B$

$$=\frac{1}{3}:\frac{2}{5}$$

$$=\left(\frac{1}{3}\times 15\right):\left(\frac{2}{5}\times 15\right)$$

$$=5:6$$

$$=\frac{5}{6}。$$

答：$A:B$ 等于 $5:6$，它们的比值是 $\frac{5}{6}$。

例7：某工厂学徒中男工占 80%，师傅中男工占 90%，师徒加起来男工占 82%。那么，师与徒的人数之比是多少？

解：设师傅有 x 人，徒弟有 y 人。根据题意，得

$$90\%x+80\%y=82\%（x+y），$$

$$8\%x=2\%y，$$

$$x:y=2\%:8\%，即 x:y=1:4。$$

答：师傅与徒弟的人数之比是 $1:4$。

2. 强化训练

例1：赵丽的爸爸将 20 000 元存入银行，存期为两年，若年利率为 2.25%，到期后赵丽的爸爸能得到利息多少元？赵丽的爸爸共可取回多少元？（不交利息税）

分析：先根据利息计算公式"利息=本金×利率×时间"可算出利息，共可取回的钱=本金+利息。

解：利息：$20\,000\times 2.25\%\times 2=900$（元）；

可取回的钱：$20\,000+900=20\,900$（元）。

答：到期后赵丽的爸爸能得到的利息是 900 元，共可取回 20 900 元。

例2：新兴商店将一款冰箱按进价提高 50% 后，打出"九折酬宾，外送 50 元车费"的广告，结果每台冰箱仍获利 370 元。这款冰箱的进价是多少元？

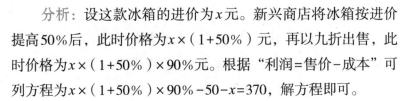

分析：设这款冰箱的进价为x元。新兴商店将冰箱按进价提高50%后，此时价格为$x×（1+50\%）$元，再以九折出售，此时价格为$x×（1+50\%）×90\%$元。根据"利润=售价-成本"可列方程为$x×（1+50\%）×90\%-50-x=370$，解方程即可。

解：设每台冰箱的进价为x元。根据题意，得

$$x×（1+50\%）×90\%-50-x=370，$$
$$90\%x+50\%×90\%x-x=370+50，$$
$$90\%x+45\%x-x=420，$$
$$35\%x=420，$$
$$x=1200。$$

答：这款冰箱的进价是1200元。

应用习题与解析

1．基础练习题

（1）在一个比例中，两个外项的积是5，其中一个内项是2.5，那么另一个内项是多少？

考点：解比例。

分析：根据比例的性质，两个内项的积等于两个外项的积，两个外项的积是5，就说明两个内项的积也是5，再根据一个内项是2.5，即可求出另一个内项。

解：$5÷2.5=2$。

所以另一个内项是2。

（2）喷洒一种农药，农药用药液和水按$1∶1500$配制而成。现有3千克药液，能配制这种农药多少千克？

考点：比和比例的应用。

分析：药液：水＝1：1500，先根据比例求出3千克药液需要的水，然后用药液的质量加上水的质量就是农药的质量。

解：需要水：$1500 \times 3 \div 1 = 4500$（千克）；

能配制农药：$4500 + 3 = 4503$（千克）。

答：能配制这种农药4503千克。

（3）某工人要做504个零件，他5天做了120个。照这样的速度，余下的还要做多少天？

考点：比和比例的应用。

分析：由题意可知，这位工人每天加工的零件是一定的，即加工的零件数与需要的天数的比值是一定的，那么加工的零件数与需要的天数成正比例，据此即可列比例求解。

解：$504 - 120 = 384$（个）。

设余下的还要做x天，根据题意，得

$120 : 5 = 384 : x$，

$\quad 120x = 384 \times 5$，

$\quad 120x = 1920$，

$\qquad x = 16$。

答：余下的还要做16天。

2. 巩固提高题

（1）一个圆柱的底面周长减少$\dfrac{1}{4}$，要使体积增加$\dfrac{1}{3}$，现在的高和原来的高的比是多少？

考点：比和比例在立体几何中的应用。

分析：根据"周长减少$\dfrac{1}{4}$"，可知周长是原来的$1 - \dfrac{1}{4} = \dfrac{3}{4}$，

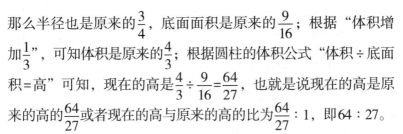

那么半径也是原来的 $\dfrac{3}{4}$，底面面积是原来的 $\dfrac{9}{16}$；根据"体积增加 $\dfrac{1}{3}$"，可知体积是原来的 $\dfrac{4}{3}$；根据圆柱的体积公式"体积÷底面积＝高"可知，现在的高是 $\dfrac{4}{3}÷\dfrac{9}{16}=\dfrac{64}{27}$，也就是说现在的高是原来的高的 $\dfrac{64}{27}$ 或者现在的高与原来的高的比为 $\dfrac{64}{27}$：1，即64：27。

解：周长是原来的 $1-\dfrac{1}{4}=\dfrac{3}{4}$。

因为圆柱的周长与半径成正比，所以半径是原来的 $\dfrac{3}{4}$，面积是原来的 $\dfrac{3}{4}×\dfrac{3}{4}=\dfrac{9}{16}$。

根据圆柱的体积公式：体积÷底面积＝高，得

现在的高是原来高的 $\dfrac{4}{3}÷\dfrac{9}{16}=\dfrac{64}{27}$。

所以现在的高：原来的高 $=\dfrac{64}{27}$：1＝64：27。

答：现在的高和原来的高的比是64：27。

（2）水果店里西瓜个数和白兰瓜个数的比为7：5，如果每天卖白兰瓜40个，西瓜50个，若干天后，白兰瓜正好卖完，西瓜还剩36个。水果店里原有西瓜多少个？

考点：比和比例应用问题。

分析：可列方程作答。设水果店里原有西瓜 x 个，若干天卖出的西瓜为（$x-36$）个，卖出的白兰瓜为[（$x-36$）÷50]×40个，因为水果店里西瓜个数和白兰瓜个数的比为7：5，所以可列比例式 x：$\left(\dfrac{x-36}{50}×40\right)=7$：5，解比例即可。

解：设水果店原有西瓜 x 个，则若干天卖出的西瓜为（$x-36$）个，卖出的白兰瓜为[（$x-36$）÷50]×40个。根据题意，得

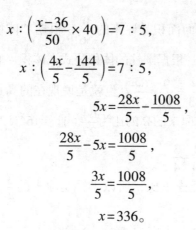

$$x : \left(\frac{x-36}{50} \times 40 \right) = 7 : 5,$$

$$x : \left(\frac{4x}{5} - \frac{144}{5} \right) = 7 : 5,$$

$$5x = \frac{28x}{5} - \frac{1008}{5},$$

$$\frac{28x}{5} - 5x = \frac{1008}{5},$$

$$\frac{3x}{5} = \frac{1008}{5},$$

$$x = 336。$$

答：水果店里原有西瓜 336 个。

（3）仓库有一批货物，运走的货物与剩下的货物的质量比是 2∶7，如果又运走 64 吨，那么剩下的货物占仓库原有货物的 $\frac{3}{5}$。请问仓库原有货物多少吨？

考点：比和比例应用问题。

分析：$2 + 7 = 9$（份），剩下的货物占 $\frac{7}{9}$，在剩下的货物中，又运走 64 吨，此时剩下的货物占仓库原有货物的 $\frac{3}{5}$，那么这 64 吨占仓库原有货物的 $\frac{7}{9} - \frac{3}{5}$，所以仓库原有货物 $64 \div \left(\frac{7}{9} - \frac{3}{5} \right)$ 吨。

解：$64 \div \left(\frac{7}{2+7} - \frac{3}{5} \right)$

$\qquad = 64 \div \left(\frac{7}{9} - \frac{3}{5} \right)$

$\qquad = 64 \div \frac{8}{45}$

$\qquad = 360$（吨）。

答：仓库原有货物 360 吨。

奥数习题与解析

1. 基础训练题

（1）一瓶盐水，盐和水的质量比是1∶24，如果再放入75克水，这时盐与水的质量比是1∶27。原来瓶内盐水重多少千克？

分析：放入水后，盐水质量随之变化，但是盐的质量不变，把盐的质量看作单位"1"，根据放水前后盐与水的质量比，求出原来水的质量和再放入水后水的质量分别是盐的质量的几倍，可求出盐的质量，再根据原来盐占盐水的几分之几，用盐的质量除以它的对应分率，即可解决问题。

解：$75 \div (27 - 24)$

　　$= 75 \div 3$

　　$= 25（克）。$

$25 \div \dfrac{1}{1 + 24} = 625（克）。$

答：原来瓶内盐水重625克。

（2）某班的一次数学测试，其平均成绩是78分，男、女生各自的平均成绩是75.5分和81分。这个班男、女生人数之比是多少？

分析：（方法一）$(78 - 75.5) \times$ 男生人数 $= (81 - 78) \times$ 女生人数，那么男生人数∶女生人数 $= (81 - 78) ∶ (78 - 75.5) = 6 ∶ 5$。（方法二）设男生有 x 人，女生有 y 人。根据题意，得 $75.5x + 81y = 78(x + y)$，$3y = 2.5x$，那么 $x ∶ y = 6 ∶ 5$。

解：（方法一）

（78－75.5）×男生人数＝（81－78）×女生人数，

所以男生人数：女生人数＝（81－78）：（78－75.5）＝6：5。

（方法二）设男生有 x 人，女生有 y 人。根据题意，得

$$81y+75.5x=78（x+y）$$

$$3y=2.5x，$$

$$x：y=6：5。$$

答：这个班男、女生人数之比是6：5。

（3）张爷爷的烤红薯摊上白心红薯和红心红薯的个数比是5：7，如果每小时卖出白心红薯4个，红心红薯5个，若干小时后，白心红薯正好卖完，红心红薯还剩3个。张爷爷的烤红薯摊上原有红心红薯多少个？

分析：因为张爷爷的烤红薯摊上白心红薯和红心红薯的个数比是5：7，所以设张爷爷的烤红薯摊上原有红心红薯 $7x$ 个，白心红薯 $5x$ 个。根据"若干小时后，白心红薯正好卖完"可列比例，$5x：4＝（7x－3）：5$。

解：设张爷爷的烤红薯摊上原有红心红薯 $7x$ 个，白心红薯 $5x$ 个。根据题意，得

$$\frac{5x}{4}=\frac{7x-3}{5}，$$

$$25x=28x-12，$$

$$3x=12，$$

$$x=4。$$

$$4×7=28（个）。$$

答：张爷爷的烤红薯摊上原有红心红薯28个。

（4）一艘轮船以每小时40千米的速度从甲港开往乙港，行了全程的20%后又行驶了1小时，这时未行路程与已行路程的比是3∶1。甲、乙两港相距多少千米？

分析：开始行了全程的20%，后来又行驶了1小时，即又行驶了40千米。这时已行路程与未行路程的比是1∶3，那么现在已经行驶的路程是全程的 $\frac{1}{1+3}$，即 $\frac{1}{4}$；这1小时多行驶了全程的 $\frac{1}{4}-20\% = \frac{1}{20}$。用除法求出全程即可。

解：$40 \div \left(\dfrac{1}{1+3} - 20\% \right)$

$= 40 \div \left(\dfrac{1}{4} - \dfrac{1}{5} \right)$

$= 40 \div \dfrac{1}{20}$

$= 800$（千米）。

答：甲、乙两港相距800千米。

2. 拓展训练题

（1）某校毕业生共有9个班，每班人数相等，已知一班的男生比二班、三班两个班的女生总数多1人，四、五、六三个班的女生总数比七、八、九三个班的男生总数多1人，该校毕业生中，男、女生的人数比是多少？

分析：由"一班的男生比二班、三班两个班的女生总数多1人"可以知道"一班至三班男生总数比2个班总人数多1人"；由"四班、五班、六班三个班的女生总数比七班、八班、九班三个班的男生总数多1人"可以知道，四班至九班男生总数比3个班总人数少1人。因此，一班至九班男生总数等于5个班总人数，女生总数相当于4个班的总人数。所以男生人数：女生人数＝5：4。

解：由题意可知，二班、三班、四班、五班、六班的女生总数＝一班、七班、八班、九班男生总数，所以二班、三班、四班、五班、六班男、女生人数和＝九个班男生的人数。

因为每班人数相同，所以二班、三班、四班、五班、六班男、女生人数相当于5个班的人数，即九个班的男生人数相当于5个班的人数。

所以该校毕业生中男、女生人数比是5：4。

答：男、女生的人数比是5：4。

（2）两个水池内有金鱼若干条，数目相同，亮亮和红红进行捞鱼比赛，第一个水池内的金鱼被捞完时，亮亮和红红所捞到的金鱼数目比是3：4；捞完第二个水池内的金鱼时，亮亮在第二个水池捞的金鱼数比他在第一个水池内多捞了33条，与红红在第二个水池内捞到的金鱼数目比是5：3。那么，每个水池内有多少条金鱼？

分析：第一个水池内的金鱼被捞完时，亮亮和红红所捞到的金鱼数目比是3：4，即第一次亮亮捞了第一个水池的金鱼总数的 $\frac{3}{4+3}$。同理可知，第二次捞完第二个水池内的金鱼时，亮亮捞了第二个水池内全部金鱼的 $\frac{5}{5+3}$，又因为两个水池内金鱼的数目相同，所以这33条金鱼占每个水池内鱼的数目的 $\left(\frac{5}{5+3}-\frac{3}{4+3}\right)$。所以每个水池中有金鱼 $33\div\left(\frac{5}{5+3}-\frac{3}{4+3}\right)=$ 168（条）。

解：$33\div\left(\frac{5}{5+3}-\frac{3}{4+3}\right)$

$$=33\div\left(\frac{5}{8}-\frac{3}{7}\right)$$

$$=33\div\frac{11}{56}$$

$$=168（条）。$$

答：每个水池内有168条金鱼。

（3）一个棋盒里有黑子和白子若干枚，若取出一枚黑子，则余下的黑子数与白子数之比为9∶7；若放回黑子，并取出一枚白子，那么黑子数与余下的白子数之比为7∶5。棋盒里原有的黑子比白子多几枚？

分析：题中已知两种情况的比例关系，可以设第一种情况下，余下黑子9x枚，白子7x枚，那么题中存在的比例关系（第一种情况余下的黑子的枚数＋第一种情况下取出黑子的枚数）∶（第一种情况下白子的枚数－第二种情况下取出白子的枚数）＝第二种情况下黑子数与余下的白子数之比。

解：设第一种情况下，余下黑子9x枚，白子7x枚。根据题意，得

$$（9x+1）∶（7x-1）=7∶5，$$

$$5（9x+1）=7（7x-1），$$

$$45x+5=49x-7，$$

$$4x=12，$$

$$x=3。$$

所以原来有黑子：$9\times3+1=28$（枚）；

白子：$3\times7=21$（枚）。

所以棋盒里原有的黑子比白子多28-21=7（枚）。

答：棋盒里原有的黑子比白子多7枚。

课外练习与答案

1. 基础练习题

（1）已知 $\dfrac{x}{y}=\dfrac{3}{4}$，求 $\dfrac{x+y}{y}$ 等于多少。

（2）甲数的 $\dfrac{1}{3}$ 等于乙数的 $\dfrac{2}{5}$，甲数和乙数的比是多少？

（3）客车和货车同时从甲、乙两地出发，相向而行，相遇时客车行了全程的 $\dfrac{7}{12}$。那么客车与货车的速度比是多少？

（4）某工厂从甲车间调出全厂总人数的 $\dfrac{1}{10}$ 到乙车间后，甲、乙两车间人数就一样多。原来甲、乙两车间人数的比是多少？

2. 提高练习题

（1）一个长方形的周长是 24 厘米，长与宽的比是 2：1，这个长方形的面积是多少平方厘米？

（2）有两组数，第一组数的平均数是 13.06，第二组数的平均数是 10.2，这两组数总的平均数是 12.02。第一组数的个数与第二组数的个数的比是多少？

（3）一家玩具加工厂要加工一批布娃娃，加工一段时间后，已经加工的布娃娃与剩下的布娃娃的数量比是 2：3。若再加工 630 个，这时剩下的布娃娃是已经加工的布娃娃的 60%。这批布娃娃一共有多少个？

（4）两个底面积相等的长方体，第一个长方体与第二个长方体的高的比是 7：12，第二个长方体的体积是 144 立方分米，第一个长方体的体积是多少立方分米？

3．经典练习题

（1）两个正方形的边长之比是 4：1，它们面积之比是多少？

（2）甲、乙两个圆柱的半径的比是 3：2，高的比是 3：4，甲、乙两个圆柱的体积之比是多少？

（3）小淘气看一本科技书，第一天看了全书的 $\frac{1}{7}$，第二天看了 42 页，这时看了的页数和剩下的页数之比是 2：5。这本科技书一共有多少页？

答　案

1．基础练习题

（1）$\frac{x+y}{y}$ 等于 $\frac{7}{4}$。

（2）甲数和乙数的比是 6：5。

（3）客车与货车的速度比是 7：5。

（4）原来甲、乙两车间人数的比是 3：2。

2．提高练习题

（1）这个长方形的面积是 32 平方厘米。

（2）第一组数的个数与第二组数的个数比是 7：4。

（3）这批布娃娃一共有 2800 个。

（4）第一个长方体的体积是 84 立方分米。

3．经典练习题

（1）它们的面积之比是 16：1。

（2）甲、乙两个圆柱的体积之比是 27：16。

（3）这本科技书一共有 294 页。

◆ 同时变大变小的比例

"从来没有碰过钉子，今天却要大碰特碰了。"马先生这一课这样开始，"在上次讲正比例时，我们曾经说过这样的例子：一个数和它的平方数，1和1、2和4、3和9、4和16……都是同时变大、变小，但它们不成正比例。大家试着把它们画出来看看。"

真是碰钉子！如图3-1，我用横线表示数，纵线表示它的平方数，先得A、B、C、D四点，依次表示1和1、2和4、3和9、4和16，它们不在一条直线上。这有什么办法呢？

我索性把表示5和25、6和36、7和49、8和64、9和81，10和100的点E、F、G、H、I、J都画了出来。真糟，简直看不出它们是在一条什么线上！

问题本来很简单，只是这些点好像是在一条弯曲的线上，是不是？成正比例的数或量，用点表示，这些点就在一条直线上。为什么不成正比例的数或量用点表示，这些点就不在一条直线上呢？

对于这个问题，马先生说，这种说法是对的。本题所画的曲线叫作抛物线。本来左边还有和它成轴对称的一半，但现在用不到它。

"现在，我们谈到反比例的问题了，且来举一个例子看。"马先生说。

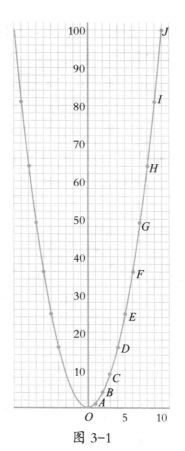

图 3-1

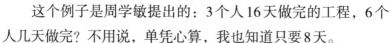

这个例子是周学敏提出的：3个人16天做完的工程，6个人几天做完？不用说，单凭心算，我也知道只要8天。

马先生叫我们画图。如图3-2，我用纵线表示天数，横线表示人数，得A和B两点，把它们连成一条直线。奇怪！这条纵线和横线的交点在9，明明是表示9个人做这项工程，就不要天数了！这成什么话？

我正这样想，马先生似乎已经察觉到我的困惑，便向我提示："小心呀，多画出几个点来看！"

我就老老实实地，先算出一些人数与天数的对应值，再把各个点都记下来，具体如下：

人数	1	2	3	4	6	8	12	16	24	48
天数	48	24	16	12	8	6	4	3	2	1
点	C	D	A	E	B	F	G	H	I	J

还有什么可说的呢？C、D、E、F、G、H、I、J 这八个点，就没有一个点在直线 AB 上（如图3-2）。难道它们又成一条抛物线了？

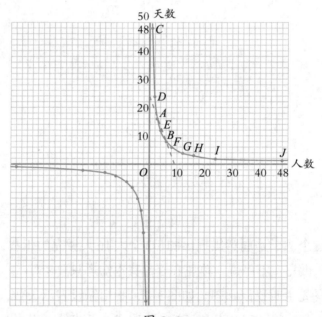

图 3-2

但是，马先生说，这和抛物线不一样，它叫双曲线。他还说，假如我们画图的纸是一个方方正正的"田"字形，纵线是"田"字中间的一竖，横线是"田"字中间的一横，这条曲线只在"田"字的右上方的方块里，那么在"田"字左下方的一个方块里，还有和它成中心对称的一条。

原来抛物线只有一条，双曲线却有两条，"田"字左下方块里一条，这里也用不到的。

"无论是抛物线还是双曲线，都不是单靠一把尺子和一个圆规就能够画出来的。关于这一类问题，现在要用画图法来解决，我们只好宣告无能为力了！"马先生说。

停了两分钟，马先生又让我们画2和它的各次方所表示的点，如2与2^2是4，2^3是8，2^4是16，…，然后用线表示出来。

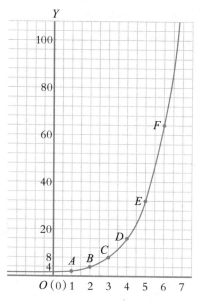

图 3-3

马先生今天大概是存心捉弄我们，这道题的线，我已经知道不是直线了。我画了A、B、C、D、E、F六个点（如图3-3），依次表示2^1是2、2^2是4、2^3是8、2^4是16、2^5是32、2^6是64。果然它们不在一条直线上，但顺次连接它们所成的曲

线，既不像抛物线，又不像双曲线，不知道又是一种什么线了！

我们原来都只画 OY 这条纵线右边的一段，左边的部分是马先生加上去的。马先生说，左边的部分像条尾巴，它可以无限拖长，越长越和横线接近，但无论怎样，永远不会和它相交。这种曲线叫指数曲线。

"要表示复利息，就会用到这种指数曲线。"马先生说，"所以，要用老方法来处理复利息的问题，也只有碰钉子了。"

马先生还画了一幅表示复利息的图（如图 3-4）给我们看。它表示本金 100 元，一年一期，10 年中，年利率为 2%、3%、4%、5%、6%、7%、8%、9% 和 10% 的各种利息。

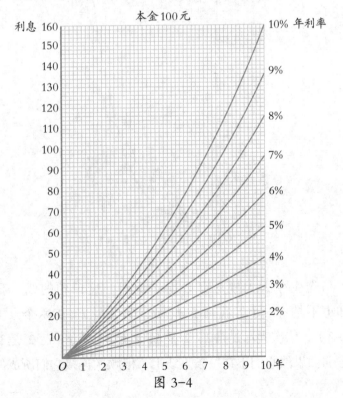

图 3-4

基本概念与例解

1. 基本概念与例解

（1）反比例的概念

反比例：若 A 扩大到原来的几倍（或缩小到原来的几分之一），B 就缩小到原来的几分之一（或扩大到原来的几倍）（A、B 的积不变时），则 A 与 B 成反比例。

成反比例的量：两种相关联的量，一种量变化，另一种量也随之变化，如果这两种量中相对应的两个数的积一定，这两种量就叫作成反比例的量，它们的关系叫作反比例关系。用符号表示为 $xy=k$（定值）。

特点：两个量变化的方向相反。

（2）正比例和反比例的异同

名称	相同点	不同点	关系式
正比例	都是两种相关联的量，一种量变化，另一种量也变化	两种量相对应的两个数的比值一定	$\dfrac{y}{x}=k$（商一定）
反比例		两种量相对应的两个数的积一定	$xy=k$（积一定）

例：张老师准备在书房的地面上铺每块面积是 900 平方厘米的地砖，刚好用了 200 块。如果全部改铺每块面积是 2500 平方厘米的地砖，需要多少块？

分析：根据房间的面积一定，地砖的面积与地砖的块数成反比例，列式解答即可。

解：设需要 x 块。根据题意，得

$2500x = 900 \times 200$，

$2500x = 180\,000$，

$\quad x = 72$。

答：需要72块。

2. 强化训练

（1）反比例应用题题型

在小学数学中，涉及反比例的应用题题型主要有以下几种：

问题	公式	说明
价格问题	单价×数量＝总价	总价一定，单价和数量成反比
行程问题	时间×速度＝路程	路程一定，时间和速度成反比
工程问题	工作效率×工作时间＝工作总量	工作总量一定，工作效率和工作时间成反比
面积问题	长方形：长×宽＝面积	长方形的面积一定，长和宽成反比

（2）解题步骤

①分析判断；②设未知数；③列式计算；④验算答题。

例1：有一笔钱刚好可以买单价60元的篮球20个。若改买单价40元的排球，可以买多少个？

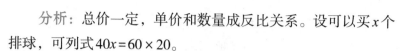

分析：总价一定，单价和数量成反比关系。设可以买x个排球，可列式$40x=60\times20$。

解：设可以买x个排球。根据题意，得

$40x=60\times20$，

$40x=1200$，

$x=30$。

答：若改买单价40元的排球，可以买30个。

例2：行驶同一段路程，小轿车要行驶6小时，货车要行驶8小时。小轿车和货车的速度比是多少？

分析：路程一定，速度和时间成反比例关系。小轿车与货车行驶的路程相同，所以小轿车的速度×小轿车的行驶时间=货车的速度×货车行驶的时间。

解：因为小轿车和货车都是行驶的同一段路程，

所以$6\times V_{小轿车}=8\times V_{货车}$。

所以$V_{小轿车}:V_{货车}=8:6=4:3$。

答：小轿车和货车的速度比是4:3。

例3：一项工程35人做40天可以完成，若想提前5天完成，需要增加多少人？

分析：工作总量一定，工作效率和工作时间成反比例关系。设要增加x人。根据工作总量一定，可列式$(35+x)\times(40-5)=35\times40$。

解：设要增加x人。根据题意，得

$(35+x)\times(40-5)=35\times40$，

$(35+x)\times35=1400$，

$35+x=1400\div35$，

$$35 + x = 40,$$
$$x = 40 - 35,$$
$$x = 5。$$

答：若想提前5天完成，需要增加5人。

应用习题与解析

1. 基础练习题

（1）A、B两地间的公路长440千米，一辆汽车从A地开往B地，3小时行了132千米。照此计算，从A地到B地一共需要行驶多少小时？

考点：正比例应用问题。

分析：汽车的速度是一定的，汽车行驶的路程和所需的时间成正比例关系，由此设出未知数，列比例解答即可。

解：设从A地到B地一共需要行驶x小时。根据题意，得

$$440 : x = 132 : 3,$$
$$132x = 440 \times 3,$$
$$132x = 1320,$$
$$x = 10。$$

答：从A地到B地一共需要行驶10小时。

（2）小明读一本书，如果每天读6页，那么25天可以读完。如果每天读10页，那么几天可以读完？

考点：反比例应用问题。

分析：设x天可以读完，由"如果每天读6页，那么25天可以读完"可知总页数，从而可列式$10x = 6 \times 25$。

解：设x天可以读完。根据题意，得

$10x=6×25$,

$10x=150$,

$x=15$。

答：如果每天读10页，15天可以读完。

（3）解放军某部进行军事训练，原计划每天走35千米，12天到达目的地，实际每天多走7千米，实际用多少天到达？

考点：反比例应用问题。

分析：实际每天多走7千米，那么实际每天走$35+7=42$（千米），设实际用x天到达，那么可列式$42x=12×35$。

解：设实际用x天到达。根据题意，得

$42x=12×35$,

$x=\dfrac{12×35}{42}$,

$x=10$。

答：实际用10天到达。

（4）给一间卧室铺瓷砖，用9平方分米的瓷砖铺需要用96块。如果用24平方分米的瓷砖铺，需要多少块？

考点：反比例应用问题。

分析：已知这间卧室的面积一定，所以所用每块瓷砖的面积和所用瓷砖的数量成反比例关系。设用24平方分米的瓷砖铺需要x块，那么可列式$24x=9×96$。

解：设用24平方分米的瓷砖铺需要x块。根据题意，得

$24x=9×96$,

$x=\dfrac{9×96}{24}$,

$x=36$。

答：用24平方分米的瓷砖铺需要36块。

（5）某工厂有一批煤，原计划每天烧5吨，可以烧12天。改进烧煤方法后，每天比原计划节约用煤20%。照这样计算，这些煤可以烧多少天？

考点：反比例应用问题。

分析：煤的总量不变，每天烧的煤数量越多，可以烧的天数越少。先算出节约之后每天用煤多少吨，$5×（1-20\%）=4$（吨）；然后设实际可以烧x天，那么就有$4x=12×5$。

解：每天节约用煤20%，那么节约之后每天用煤

$5×（1-20\%）=4$（吨）。

设实际可以烧x天。根据题意，得

$4x=12×5$，

$x=\dfrac{12×5}{4}$，

$x=15$。

答：这些煤可以烧15天。

2. 巩固提高题

（1）客车和货车的速度比是3：2，货车行驶完甲、乙两地间的全部路程要$\dfrac{9}{2}$小时。如果客、货两车同时从甲、乙两地出发，相向而行，几小时能相遇？

考点：反比例应用问题。

分析：路程一定，速度和时间成反比例关系，客、货两车的速度比是3：2，那么客、货两车行驶完全程所用时间的比是2：3，已知货车行驶完全程的时间，可求出客车行完全程

的时间；把全程看作单位"1"，再求出客、货两车每小时各行全程的几分之几，最后根据两地间的路程÷速度和=相遇时间，即可解决问题。

解：客、货两车的速度比与时间比成反比例，所以时间比为 $2:3$，$\frac{9}{2} \div 3 \times 2 = 3$（时）。

$$1 \div \left(\frac{1}{3} + 1 \div \frac{9}{2} \right)$$

$$= 1 \div \frac{5}{9}$$

$$= \frac{9}{5}（时）。$$

答：$\frac{9}{5}$ 小时可以相遇。

（2）买甲、乙两种笔共90支，甲种笔每支5元，乙种笔每支4元，买两种笔用去的钱数相同。甲种笔买了多少支？

考点：反比例应用问题。

分析：两种笔的单价比是 $5:4$，因为钱数相等，单价与支数成反比，所以它们的支数比是 $4:5$。所以甲种笔有 $90 \times \frac{4}{4+5} = 40$（支）。

解：两种笔的单价比是 $5:4$，因为钱数相等，所以支数比是 $4:5$。

甲种笔买了 $90 \times \frac{4}{4+5} = 40$（支）。

答：甲种笔买了40支。

（3）从甲地到乙地，一艘轮船顺水航行每小时行25千米，15小时到达。逆水返航时的速度降低了25%，需要几小时达到？

考点：反比例应用问题。

分析：从甲地到乙地，路程一定，速度和时间成反比例关系。先算出逆水返航时的速度 $25 \times (1 - 25\%) = \dfrac{75}{4}$（千米/时），然后设需要 x 小时达到，所以可列式 $\dfrac{75x}{4} = 25 \times 15$。

解：返航时速度为 $25 \times (1 - 25\%) = \dfrac{75}{4}$（千米/时）。

设 x 小时到达。根据题意，得

$$\dfrac{75x}{4} = 25 \times 15,$$

$$x = 25 \times 15 \times \dfrac{75}{4},$$

$$x = 20。$$

答：需要20小时达到。

（4）一辆汽车以0.8千米/分的速度去县城，行驶了半小时，返回时以50千米/时的速度行驶，汽车返回时用了多少分钟？

考点：反比例应用问题。

分析：50千米/时 $= \dfrac{5}{6}$ 千米/分，半小时 $= 30$ 分钟。设汽车返回时用了 x 分钟，根据汽车行驶的速度与时间成反比例关系可得 $\dfrac{5}{6}x = 30 \times 0.8$。

解：设汽车返时用了 x 分钟。根据题意，得

$$\dfrac{5}{6}x = 30 \times 0.8$$

$$x = 30 \times \dfrac{4}{5} \times \dfrac{6}{5},$$

$$x = 28.8。$$

答：汽车返回时用了28.8分钟。

（5）甲、乙两车的速度分别是90千米/时和75千米/时，两车从同地出发，同向行驶，乙车先出发2小时。甲车需要行驶多长时间才能追上乙车？

考点：反比例应用问题。

分析：路程不变，行驶的速度和时间成反比关系。设甲车需要行驶x小时才能追上乙车，所以有$90x=75\times(x+2)$。

解：设甲车需要行驶x小时才能追上乙车。根据题意，得

$$90x=75\times(x+2)，$$

$$90x=75x+150，$$

$$90x-75x=150，$$

$$15x=150，$$

$$x=10。$$

答：甲车需要行驶10小时才能追上乙车。

奥数习题与解析

1. 基础训练题

（1）一架飞机每小时飞行960千米，一辆汽车每小时行驶80千米，这架飞机飞行$\dfrac{9}{2}$小时的路程，这辆汽车要行驶多少小时？

分析：飞机和汽车行的路程是一样的，设汽车要行驶x小时，那么就有$80x=960\times\dfrac{9}{2}$。

解：设汽车要行驶x小时。根据题意，得

$$80x = 960 \times \frac{9}{2},$$

$$x = 960 \times \frac{9}{2} \times \frac{1}{80},$$

$$x = 54。$$

答：这辆汽车要行驶54小时。

（2）硬糖每千克15.1元，软糖每千克18.9元，要求混合后的糖价为每千克15.4元，那么硬、软糖按怎样的质量比混合才合适？

分析：对于硬糖来说，混合后每千克应该是提高了15.4－15.1＝0.3（元）；对于软糖来说，混合后每千克应该是减少了18.9－15.4＝3.5（元），要想得到平衡，应该提高的总价＝降低的总价，根据单价×质量＝总价（一定），单价与质量成反比例关系。所以，硬糖质量：软糖质量＝3.5：0.3＝35：3，即两种糖的质量比为35：3。

解：硬糖混合后每千克提高了15.4－15.1＝0.3（元），

软糖混合后每千克减少了18.9－15.4＝3.5（元）。

根据单价与质量成反比例关系，得

硬糖质量：软糖质量＝3.5：0.3＝35：3。

所以两种糖的质量比为35：3。

答：硬糖与软糖按35：3的质量比混合才合适。

（3）900元钱可以买若干个A包和B包，单买B包的个数是单买A包个数的1.2倍，A包的单价比B包贵10元，这笔钱可以买多少个A包？

分析：设 A 包的单价为 x 元，则 B 包的单价为 $(x-10)$ 元；因为单买 B 包的个数是单买 A 包个数的 1.2 倍，所以买 A 包的个数 $\times 1.2 =$ 买 B 包的个数，买 A 包的个数为 $\dfrac{900}{x}$，买 B 包的个数为 $\dfrac{900}{x-10}$；由此可列式 $\dfrac{900}{x} \times 1.2 = \dfrac{900}{x-10}$，解答即可。

解：设 A 包的单价为 x 元。根据题意，得

$$\frac{900}{x} \times 1.2 = \frac{900}{x-10},$$

$$900x = (x-10) \times (900 \times 1.2),$$

$$900x = 1080x - 10\,800,$$

$$180x = 10\,800,$$

$$x = 60。$$

所以可买 A 包 $900 \div 60 = 15$（个）。

答：这笔钱可以买 15 个 A 包。

（4）四人录入同一份稿件，每人录入的情况如下表所示。

	小敏	晓峰	小英	小强
录入所用的时间/分	30	40	60	80
速度/（字/分）	80			

请将上表补充完整，再回答下面的问题。

①不同的人在录入同一份稿件时，哪个量没有变？

②李老师录入这份稿件用了 24 分钟，你知道他平均每分钟录入多少个字吗？

分析：①不同的人在录入同一份稿件时，这份稿件的总字数不变，录入用时越长，说明录入的速度越慢，录入的时间和录入的速度成反比关系。②已知这份稿件有 $80 \times 30 = 2400$

（字），李老师录入这份稿件用了24分钟，那么他平均每分钟录入的字数（录入速度）=总字数÷录入时间。

解：①不同的人在录入同一份稿件时，这份稿件的总字数不变。

②30×80=2400（字），2400÷24=100（字/分）。

答：他平均每分钟录入100个字。

2. 拓展训练题

（1）一根皮带带动两个轮子，大轮直径30厘米，小轮直径10厘米。小轮每分钟转300转，大轮每分钟转多少转？

分析：两个用皮带相连的轮子，它们在圆周走过的距离相等，直径大的转得慢。所以大轮的周长×圈数=小轮的周长×圈数。可设大轮每分钟转 x 圈，代入相关数据计算得解。

解：设大轮每分钟转 x 圈。根据题意，得

$$3.14 \times 30 \times x = 3.14 \times 10 \times 300,$$

$$x = \frac{3.14 \times 10 \times 300}{3.14 \times 30},$$

$$x = 100。$$

答：大轮每分钟转100圈。

（2）一辆汽车从甲地开往乙地，速度比原计划提高了 $\frac{1}{5}$，只用6.5小时就到达了乙地。按原计划的速度到达乙地需要多长时间？

分析：设原来速度为"1"，那么提高了 $\frac{1}{5}$ 后的速度为 $\left(1+\frac{1}{5}\right)$，因为路程一定，速度和所用时间成反比关系，所以原计划的速度：提高后的速度=速度提高后所用的时间：原计划所用的时间。解答即可。

解：设原计划的速度为"1"，那么提高了 $\frac{1}{5}$ 后的速度为 $\left(1+\frac{1}{5}\right)$；设按原计划的速度到达乙地需要 x 小时。根据题意，得

$$x=\left(1+\frac{1}{5}\right)\times 6.5,$$

$$x=\frac{6}{5}\times 6.5,$$

$$x=7.8。$$

答：按原计划的速度到达乙地需要7.8小时。

（3）图3.3-1是两个互相啮合的齿轮，它们在同一时间内转动时，大齿轮和小齿轮转过的总齿数是相同的。尝试回答下面的问题。

图 3.3-1

①大齿轮和小齿轮在同一时间内转动时，哪个齿轮转得更快，哪个齿轮转的圈数更多？

②转过的总齿数一定时，每个齿轮的齿数和转过的圈数是什么关系？

③大齿轮有40个齿，小齿轮有24个齿。如果大齿轮每分钟转90圈，小齿轮每分钟转多少圈？

分析：①因为它们在同一时间内转动时，大齿轮和小齿轮转过的总齿数是相同的，所以两个齿轮转得一样快；因为

小齿轮的半径小于大齿轮的半径，所以小齿轮转的圈数多。②转过的总齿数一定时，齿数越多，转的圈数越少，所以齿轮的齿数和转过的圈数成反比例关系。③由②可知，齿轮的齿数和转过的圈数成反比例关系，每分钟转过的圈数越多，那么速度越大，所以齿轮的齿数和齿轮的转速成反比例关系。设小齿轮每分钟转x圈，所以可列式$24x=40×90$。

解：①大齿轮和小齿轮在同一时间内转动时，两个齿轮转得一样快；因为小齿轮的半径小于大齿轮的半径，所以小齿轮转的圈数多。

②转过的总齿数一定时，齿数越多，转的圈数越少，所以齿轮的齿数和转过的圈数成反比例关系。

③由②可知，齿轮的齿数和齿轮的转速成反比例关系。设小齿轮每分钟转x圈。根据题意，得

$$24x=40×90,$$

$$x=\frac{40×90}{24},$$

$$x=150。$$

答：小齿轮每分钟转150圈。

（4）某人爬一段山路，原计划用45分钟爬上山顶，由于山势陡峭，每分钟比原来少爬2米，结果多用了5分钟。这段山路有多长？

分析：只需要求出原计划的速度或者实际的速度，用"路程＝速度×时间"解答即可。设原计划爬山的速度为x米/分，那么实际速度为$(x-2)$米/分；实际用时为$45+5=50$（分）。根据路程一定，速度和时间成反比关系，可列式

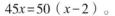

$45x=50（x-2）$。

解：设原计划爬山的速度为x米/分，实际速度为（$x-2$）米/分；实际用时为$45+5=50$（分）。根据题意，得

$$45x=50（x-2），$$

$$50x-45x=50×2，$$

$$5x=100，$$

$$x=20。$$

$20×45=900$（米）。

答：这段山路长900米。

课外练习与答案

1. 基础练习题

（1）工程队铺设一条天然气管道。如果每天铺设25米，12天可以完成任务。如果每天铺设30米，多少天可以完成？

（2）有一批煤，计划每天烧105千克，可以烧30天，改进技术后，每天烧50千克。这批煤现在可以烧多少天？

（3）用边长是15厘米的方砖铺教室地面，需2000块。如果改用边长25厘米的方砖铺，需要多少块？

2. 提高练习题

（1）用4台拖拉机每天可耕地32公顷，如果用9台同样的拖拉机，每天可耕地多少公顷？

（2）一个商店用0.09平方米的方砖铺地面，需要960块，另一间同样大的商店要用边长为0.4米的方砖铺地，需要多少块？

（3）一艘船从甲地开往乙地，每小时行驶35千米，6小时可以到达，返回时，每小时少行驶5千米。几小时能够到达？

3. 经典练习题

（1）把一些纸装订成练习本，若每本36页，则可订40本。若每本30页，则可订多少本？

（2）甲种铅笔每支1元，乙种铅笔每支0.8元，买甲种铅笔32支的钱，可以买乙种铅笔多少支？

（3）同学们做广播操，每行站20人，正好站18行。如果每行站24人，可以站多少行？

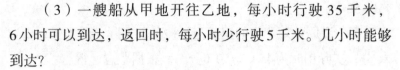

答　案

1. 基础练习题

（1）10天可以完成。

（2）这批煤现在可以烧63天。

（3）需要720块。

2. 提高练习题

（1）每天可耕地72公顷。

（2）需要540块。

（3）7小时能够到达。

3. 经典练习题

（1）可订48本。

（2）可以买乙种铅笔40支。

（3）可以站15行。

◆ 让复比例成为可能

关于这类题目，马先生说，有大半是不能用作图法解决的，这是毫无疑问的。

反比例的题，既然已不免碰钉子，在复比例中，含有反比例的，自然此路不通了。再说，即使不含有反比例，复比例中总含有三个以上的量，如果不能化繁为简，那也就手足无措了。

不过复比例中的题目，我们想不明白的，所以请求马先生不用作图法解也好，给我们一些提示。马先生答应了，并且叫我们提出问题来。以下的问题，全是我们提出的。

例1：同一件事情，24人合做，每天做10小时，15天可以做完；60人合做，每天少做2小时，几天可以做完？

一个同学提出这个问题的时候，马先生想了一下，说："我知道，你感到困难是因为这个题目转了一个小弯。你试着将题目所给的条件，同类的一一对列出来看一下。"

他依马先生的话，列成下表：

人数	每天做的小时数	天数
24	10	15
60	少2	？

"由这个表看来，有多少数还不知道？"马先生问。

"两个，第二次每天做的小时数和天数。"他答道。

"问题的关键就在这一点。"马先生说，"一般的比例问题，都是只含有一个未知数。但你们要注意，比例所处理的都是和两个数量的比有关的事项。在复比例中，只不过有关的比多几个而已。所以题目中如果含有和比无关的条件，就超出了范围，应当先将它们处理好。

"如本题，第二次每天做的小时数，题上说的是少2小时，就和比没有关系。第一次，每天做10小时，第二次每天少做2小时，做的是几小时？"

"比10小时少2小时，8小时。"周学敏回答。

这样一来，当然毫无疑问了。

$$\left.\begin{array}{l}反\quad 60人:24人 \\ 反\quad 8小时:10小时\end{array}\right\}=15天:x天,$$

所以 $x=\dfrac{15\times24\times10}{60\times8}=7\dfrac{1}{2}$。

所以 $7\dfrac{1}{2}$ 天可以完成。

例2：一本书原有810页，每页40行，每行60字。如果重印时，每页增加10行，每行增加12个字，求页数减少多少页。

这个问题，虽然表面上看起来复杂一点儿，但实际上和例1是一样的。不要怪马先生听见另一个同学说完以后，露出一点儿轻微的不愉快了。

马先生叫他先找出第二次每页的行数，40加10，是50，和每行的字数，60加12，是72，再求第二次的页数。

$$\left.\begin{array}{l}反\quad 50行:40行 \\ 反\quad 72字:60字\end{array}\right\}=810页:x页,$$

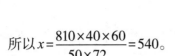

所以 $x = \dfrac{810 \times 40 \times 60}{50 \times 72} = 540$。

要求减少的页数，这当然不是比例的问题，810 页改成 540 页，减少的是 270 页。

例3：从 A 处到 B 处有两条路可走。第一条路 6 小时可以到达，第二条路的路程比第一条路少 $\dfrac{1}{4}$，现将车速提高原来的 $\dfrac{1}{2}$，走第二条路什么时候可以到达？

这道题，从前我不知从何下手，做完前两道例题后，现在我已懂得了。虽然我没有向马先生提出，也附记在这里。

设第一条路的路程是 1，第二条路的路程比第一条减少 $\dfrac{1}{4}$，是 $\dfrac{3}{4}$。原来的速度也算它是 1，后来增加 $\dfrac{1}{2}$，便是 $1\dfrac{1}{2}$。

$$
\left.
\begin{array}{l}
\text{正} \quad 1 : \dfrac{3}{4} \\[2mm]
\text{反} \quad 1\dfrac{1}{2} : 1
\end{array}
\right\} = 6 : x,
$$

$$
x = \dfrac{1 \times 6 \times \dfrac{3}{4}}{1 \times \dfrac{3}{2}},
$$

所以 $x = 3$。

例4：狗走 2 步的时间，兔可以走 3 步；狗走 3 步的路，兔需要走 5 步。狗 30 分钟所走的路，兔需要走多长时间？

"这题的难点，"马先生说，"只在包含时间（步子的快慢）和空间（步子和路的长短）。但只要注意判定正反比例就行了。第一，狗走 2 步的时间，兔可走 3 步，哪一个快？"

"兔快。"一个同学说。

"那么，狗走30分钟的步数，让兔来走，需要多长时间？"

"少一些！"周学敏说。

"这是正比例还是反比例？"

"反比例！步数一定，走的快慢和时间成反比例。"王有道说。

"再来看，狗走3步的路，兔要走5步。狗走30分钟的步数，兔走的话时间怎样？"

"要多一些。"我回答。

"这是正比例还是反比例？"

"反比例！距离一定，步子的长度和步数成反比例，也就同时间成反比例。"还是王有道回答。

这样就可得：

$$\left.\begin{array}{l}反\quad 3:2\\反\quad 3:5\end{array}\right\}=30:x,$$

所以 $x=\dfrac{30\times2\times5}{3\times3}=33\dfrac{1}{3}$。

例5：牛车、马车运输货物的量的比为8:7，速度的比为5:8。以前用牛车8辆，马车20辆，于5日内运送280袋米到1.5千米的地方。现在用牛、马车各10辆，于10日内要运送350袋米，求运送的距离。

这道题是周学敏提出的，马先生问他："你觉得难点在什么地方？"

"有牛又有马，有从前运输的情形，又有现在运输的情形，关系比较复杂。"周学敏回答。

"你太执着了，为什么不分开来看呢？"马先生接着又说，

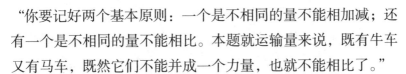

"你要记好两个基本原则：一个是不相同的量不能相加减；还有一个是不相同的量不能相比。本题就运输量来说，既有牛车又有马车，既然它们不能并成一个力量，也就不能相比了。"

停了一阵，他又说："所以这道题，应当把它分成两段看：'牛车、马车运输量的比为8∶7，速度的比为5∶8。以前用牛车8辆，马车20辆；现在用牛、马车各10辆'这算一段。又从'以前用牛车8辆'，到最后又算一段。现在先解决第一段，变成都用牛车或马车，我们就都用牛车吧。马车20辆和10辆各合多少辆牛车？"

这个比较简单，运输量的大小与速度的快慢对于所用的车辆都是成反比例的。

$$\left.\begin{array}{l} 8 \colon 7 \\ 5 \colon 8 \end{array}\right\} = 20\text{辆} \colon x\text{辆}，$$

所以20辆马车的运输量 $= \dfrac{20 \times 7 \times 8}{8 \times 5} = 28$ 辆牛车的运输量；

10辆马车的运输量 $= 14$ 辆牛车的运输量。

我们得出这个答案后，马先生说："现在题目的后一段可以改个样子：以前用牛车8辆和28辆，现在用牛车10辆和14辆……"

当然，到这一步，又是笨法子了。

$$\left.\begin{array}{lc} 正 & (8+28)\text{辆} \colon (10+14)\text{辆} \\ 正 & 5\text{日} \colon 10\text{日} \\ 反 & 350\text{袋} \colon 280\text{袋} \end{array}\right\} = 1\dfrac{1}{2}\text{千米} \colon x\text{千米}，$$

所以 $x = \dfrac{1\dfrac{1}{2} \times (10+14) \times 10 \times 280}{(8+28) \times 5 \times 350} = 1.6$。

例6：大工4人，小工6人，工作5日，工资共5120元。后来有小工2人休息，用大工一人代替，工作6日，工资共多少？（大工一人2日的工资和小工一人5日的工资相等）

这道题目的情形和前题一样，是马先生提出的，大概是要我们重复前题的算法吧！

先就工资说，将小工化成大工，这是一个正比例：

$5 : 2 = 6 : x$，

$$x = \frac{12}{5} 。$$

这就是说，6个小工，1日的工资和 $\frac{12}{5}$ 个大工1日的工资相等。后来少去2个小工，只剩4个小工，他们的工资和 $\frac{8}{5}$ 个大工的相等，由此得

$$
\left.
\begin{array}{ll}
正 & \left(4+\frac{12}{5}\right) 大工 : \left(4+\frac{8}{5}+1\right) 大工 \\
正 & \qquad\qquad 5 : 6
\end{array}
\right\} = 5120 : x，
$$

所以 $x = \dfrac{5120 \times \left(4+\frac{8}{5}+1\right) \times 6}{\left(4+\frac{12}{5}\right) \times 5} = 6336$。

复比例一课就这样结束了，我已经明白了好几个应该注意的事项。

基本概念与例解

复比例，是指总含有三个以上的量，通过化繁为简，找出题目中各个量的关系进行解题。

在复比例中，含有反比例的题是个难点，所以解题时首先弄清各个量之间是正比例关系还是反比例关系。

例：假如某高速公路收费站对于过往车辆的收费标准是：大客车30元，小客车15元，小汽车10元。某天通过该收费站的大客车和小客车数量比是5：6，小客车与小汽车数量比是4：11，收取小汽车通行费比大客车多210元。这天这三种车辆通过的数量分别是多少？

分析：先把两个比换算成同样的比例，这样三个之间就可以进行比较。收取小汽车通行费比大客车多210元，车子的数量比是33：10。实际上每辆小汽车与每辆大客车的收费比是10：30，这样形成的差33×10－10×30＝30，210除以30就是每份通过的数量。

解：5：6＝10：12，4：11＝12：33，

33×10－10×30＝30。

大客车：210÷30×10＝70（辆）；

小客车：70÷5×6＝84（辆）；

小汽车：84÷4×11＝231（辆）。

答：这天大客车通过了70辆，小客车通过了84辆，小汽车通过了231辆。

应用习题与解析

1. 基础练习题

（1）假如某高速公路收费站对于过往车辆的收费标准是：大客车30元，小客车15元，小汽车10元。某天通过该收费站的大客车和小客车数量比是5∶6，小客车与小汽车数量比是1∶3，收取小汽车通行费比大客车多390元。请问这天小客车收了多少钱？

考点：复比例应用问题。

分析：根据题意，因为大客车和小客车数量比是5∶6，小客车与小汽车数量比是1∶3，可将小客车看作占了6份，那么小客车与小汽车数量比是1∶3=6∶18，所以大客车数量∶小客车数量∶小汽车数量＝5∶6∶18。小客车共收取了390÷（18×10−5×30）×6=1170（元）。

解：根据题意，得

小客车与小汽车数量比是1∶3=6∶18，

大客车数量∶小客车数量∶小汽车数量=5∶6∶18，

小客车共收了390÷（18×10−5×50）×6=1170（元）。

答：这天小客车收了1170元钱。

（2）混凝土的部分配料是水泥∶黄沙∶石子=1∶2∶3。现在要浇制混凝土12吨，需要水泥、黄沙、石子各多少吨？

考点：复比例应用问题。

分析：水泥∶黄沙∶石子=1∶2∶3，也就是说浇制混凝土需要1份水泥、2份黄沙、3份石子，那么需要配料总份数

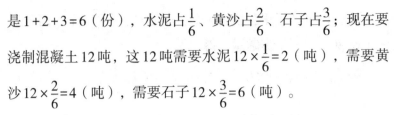

是 $1+2+3=6$（份），水泥占 $\frac{1}{6}$、黄沙占 $\frac{2}{6}$、石子占 $\frac{3}{6}$；现在要浇制混凝土 12 吨，这 12 吨需要水泥 $12 \times \frac{1}{6}=2$（吨），需要黄沙 $12 \times \frac{2}{6}=4$（吨），需要石子 $12 \times \frac{3}{6}=6$（吨）。

解：将配料分为 $1+2+3=6$（份），

那么，水泥占 $\frac{1}{6}$、黄沙占 $\frac{2}{6}$、石子占 $\frac{3}{6}$。

所以要浇制 12 吨混凝土需要的配料为：

水泥：$12 \times \frac{1}{6}=2$（吨）；

黄沙：$12 \times \frac{2}{6}=4$（吨）；

石子：$12 \times \frac{3}{6}=6$（吨）。

答：需要水泥 2 吨，黄沙 4 吨，石子 6 吨。

（3）某车间生产甲、乙、丙三种配套机件共 1280 个，其中甲、乙两种机件个数的比是 3：2，丙种机件比甲种多 80 个，丙种机件生产了多少个？

考点：比例应用问题。

分析：根据"甲、乙两种机件个数的比是 3：2，丙种机件比甲种多 80 个"，可以设生产了甲种机件 x 个，那么生产了乙种机件 $\frac{2}{3}x$ 个，丙种机件（$x+80$）个，再根据等量关系式：甲种机件数 + 乙种机件数 + 丙种机件数 = 三种配套机件总数，列方程求出甲种机件数，即可求出丙种机件数，据此解答。

是 $1+2+3=6$（份），水泥占 $\frac{1}{6}$、黄沙占 $\frac{2}{6}$、石子占 $\frac{3}{6}$；现在要浇制混凝土 12 吨，这 12 吨需要水泥 $12 \times \frac{1}{6}=2$（吨），需要黄沙 $12 \times \frac{2}{6}=4$（吨），需要石子 $12 \times \frac{3}{6}=6$（吨）。

解：将配料分为 $1+2+3=6$（份），

那么，水泥占 $\frac{1}{6}$、黄沙占 $\frac{2}{6}$、石子占 $\frac{3}{6}$。

所以要浇制 12 吨混凝土需要的配料为：

水泥：$12 \times \frac{1}{6}=2$（吨）；

黄沙：$12 \times \frac{2}{6}=4$（吨）；

石子：$12 \times \frac{3}{6}=6$（吨）。

答：需要水泥 2 吨，黄沙 4 吨，石子 6 吨。

（3）某车间生产甲、乙、丙三种配套机件共 1280 个，其中甲、乙两种机件个数的比是 3：2，丙种机件比甲种多 80 个，丙种机件生产了多少个？

考点：比例应用问题。

分析：根据"甲、乙两种机件个数的比是 3：2，丙种机件比甲种多 80 个"，可以设生产了甲种机件 x 个，那么生产了乙种机件 $\frac{2}{3}x$ 个，丙种机件（$x+80$）个，再根据等量关系式：甲种机件数 + 乙种机件数 + 丙种机件数 = 三种配套机件总数，列方程求出甲种机件数，即可求出丙种机件数，据此解答。

解：设生产了甲种机件 x 个，则乙种机件 $\frac{2}{3}x$ 个，丙种机件（$x+80$）个，根据题意，得

$$x+\frac{2}{3}x+x+80=1280,$$

$$\frac{8}{3}x+80=1280,$$

$$\frac{8}{3}x=1200,$$

$$x=450。$$

$450+80=530$（个）。

答：丙种机件生产了530个。

2. 巩固提高题

（1）修一条公路，已修的和未修的长度比是 $1:3$，再修300米后，已修的长度和未修的长度比是 $1:2$。这条公路长多少米？

考点：比例应用问题。

分析：（方法一）可以先将再修的300米公路对应的分率算出来。已修的和未修的长度比是 $1:3$，那么未修的占 $\frac{3}{1+3}$；再修300米后，已修的和未修的长度比是 $1:2$，那么未修的占 $\frac{2}{1+2}$。再修的300米占公路总长度的 $\frac{3}{4}-\frac{2}{3}$，所以这条公路长为 $300\div\left(\frac{3}{4}-\frac{2}{3}\right)$。（方法二）已修的占 $\frac{1}{1+3}$、$\frac{1}{1+2}$，那么再修的300米占 $\frac{1}{1+2}-\frac{1}{1+3}$，所以这条公路长 $300\div\left(\frac{1}{1+2}-\frac{1}{1+3}\right)$ 米。

解：（方法一）

$1+3=4$（份），$1+2=3$（份），

$$300 \div \left(\frac{3}{4} - \frac{2}{3} \right)$$

$$= 300 \div \frac{1}{12}$$

$$= 3600（米）。$$

（方法二）

$$1 + 3 = 4（份），1 + 2 = 3（份），$$

$$300 \div \left(\frac{1}{3} - \frac{1}{4} \right)$$

$$= 300 \div \frac{1}{12}$$

$$= 3600（米）。$$

答：这条公路长 3600 米。

（2）甲、乙两车分别由 A、B 两地同时开出，相向而行，甲车行完全程需 8 小时，乙车每小时行驶 56 千米。相遇时，甲、乙两车所行路程的比是 3：4，这时乙车行了多少千米呢？

考点：复比例应用问题。

分析：先算出总路程，根据相遇时，甲、乙两车所行路程的比得出乙车行驶的路程。总路程一定，甲、乙两车行驶的速度与时间成反比。甲、乙两车行驶的速度比是 3：4，所以时间比是 4：3，由此可求出乙车用的时间。从而全程有多长也能求出。根据相遇时，甲、乙两车所行路程的比是 3：4，即可求出乙车行驶的路程。

解：因为甲、乙两车的速度比为 3：4，

所以甲、乙两车行完全程所用的时间比为 4：3。

又因为甲车行完全程需 8 小时，

所以乙车行完全程用 $8 \div 4 \times 3 = 6$（时）。

所以A、B两地相距 $56 \times 6 = 336$（千米）。

所以相遇时乙车行驶了 $336 \times \dfrac{4}{3+4} = 192$（千米）。

答：相遇时乙车行驶了192千米。

（3）甲、乙两包糖的质量比是 $4 : 1$，如果从甲包取出100克放入乙包后，甲、乙两包糖的质量比变为 $7 : 8$。那么两包糖质量的总和是多少克？

考点：比例应用问题。

分析：没从甲包取之前，甲包占总质量的 $\dfrac{4}{4+1}$，从甲包取出100克后，这时甲包就占两包总质量的 $\dfrac{7}{7+8}$，它们的差就是100对应的分率。据此解答即可。

解：$100 \div \left(\dfrac{4}{4+1} - \dfrac{7}{7+8} \right)$

$= 100 \div \dfrac{1}{3}$

$= 300$（克）。

答：两包糖质量的总和是300克。

奥数习题与解析

1. 基础训练题

（1）一批零件分给甲、乙、丙三人完成，甲完成了总任务的 30%，其余的由乙、丙按 $3 : 4$ 来做，丙共做了200个。这批零件共有多少个？

分析：由"甲完成了总任务的 30%，其余的由乙、丙按

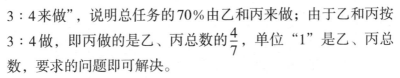

3∶4来做",说明总任务的70%由乙和丙来做;由于乙和丙按3∶4做,即丙做的是乙、丙总数的$\dfrac{4}{7}$,单位"1"是乙、丙总数,要求的问题即可解决。

解:乙和丙做的总数为

$$200 \div \dfrac{4}{3+4}$$

$$= 200 \div \dfrac{4}{7}$$

$$= 350(个)。$$

这批零件的总数是350÷(1−30%)=500(个)。

答:这批零件共有500个。

（2）甲、乙、丙三人的彩球数的比为9∶4∶2,甲给了丙30个彩球,乙也给了丙一些彩球,这时三人的彩球比变为2∶1∶1。乙给了丙多少个彩球?

分析:列方程解答。根据题意,设原来甲、乙、丙三人的彩球数分别为9x个、4x个、2x个,甲、乙给了丙一些彩球后,比变为2∶1∶1,设乙给了丙y个彩球,那么就有（9x−30）∶（4x−y）∶（2x+30+y）=2∶1∶1。将这个比例式转化为两两比例后,再进行求解即可。

解:设丙有2x个彩球,那么甲有9x个彩球,乙有4x个彩球;乙给了丙y个彩球,则有

$$(9x-30)∶(4x-y)∶(2x+30+y)=2∶1∶1。$$

$$\dfrac{9x-30}{4x-y}=\dfrac{2}{1}。 \qquad ①$$

$$\dfrac{4x-y}{2x+30+y}=\dfrac{1}{1}。 \qquad ②$$

由①，得 $9x-30=8x-2y$，

$x=30-2y$。 ③

由②，得 $4x-y=2x+30+y$，

$x=y+15$。 ④

将④代入③，得 $y+15=30-2y$。

解得 $y=5$。

答：乙给了丙5个彩球。

（3）育才小学原来体育达标人数与没有达标的人数之比是3∶5，后来又有30名同学达标，这时达标人数是没达标人数的 $\dfrac{9}{11}$。育才小学有多少名学生？

分析：原来体育达标人数与未达标人数的比是3∶5，即未达标人数占总人数的 $\dfrac{5}{3+5}$，后来又有30名同学达标，这时达标人数是未达标人数的 $\dfrac{9}{11}$，那么此时未达标人数占全部人数的 $\dfrac{11}{11+9}$，所以这30人占总人数的 $\dfrac{5}{3+5}-\dfrac{11}{11+9}$，那么总人数是 $30\div\left(\dfrac{5}{3+5}-\dfrac{11}{11+9}\right)$。

解：$30\div\left(\dfrac{5}{3+5}-\dfrac{11}{11+9}\right)$

$=30\div\left(\dfrac{5}{8}-\dfrac{11}{20}\right)$

$=30\div\dfrac{3}{40}$

$=400$（名）。

答：育才小学有400名学生。

2. 拓展训练题

（1）幼儿园大班和中班共有32名男生，18名女生。已知

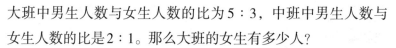

大班中男生人数与女生人数的比为5∶3，中班中男生人数与女生人数的比是2∶1。那么大班的女生有多少人？

分析：（方法一）由于男、女生有比例关系，而且知道总数，所以假设18名女生全部是大班的，再根据"大班男生人数与女生人数的比为5∶3"，即可逐步求解。（方法二）可以设中班女生人数为x，那么中班男生数为$2x$。从而大班中的男生人数为$32-2x$，大班中的女生人数是$18-x$。根据题意有（$32-2x$）∶（$18-x$）=5∶3，只要求出x即可。

解：（方法一）假设18名女生全部是大班的，那么

大班男生人数：女生人数 = 5∶3 = 30∶18，即男生应有30人。

实际男生有32人，32-30=2人，相差2人。

因为中班男生人数：女生人数 = 2∶1 = 6∶3，大班男生人数：女生人数 = 5∶3，

所以以3个中班女生换3个大班女生，每换一组可增加1个男生。

所以需要换2组，从而可知大班女生有18-3×2=12（人）。

（方法二）设中班女生人数为x。根据题意，得

（$32-2x$）∶（$18-x$）=5∶3，

（$32-2x$）×3=（$18-x$）×5，

$96-6x=90-5x$，

$x=6$。

所以大班的女生有18-6=12（人）。

答：大班的女生有12人。

（2）张叔叔与李叔叔上个月收入钱数之比是8∶5，上个

月支出的钱数之比是 $8 : 3$，上个月月底张叔叔剩余 240 元，李叔叔剩余 510 元。上个月张叔叔和李叔叔分别收入多少元?

分析：可设张叔叔的支出为 $8x$ 元，李叔叔的支出为 $3x$ 元，进而可知张叔叔收入为 $(8x+240)$ 元，李叔叔的收入为 $(3x+510)$ 元；接着列出比例式 $(8x+240):(3x+510)=8:5$，解比例即可。

解：设张叔叔的支出为 $8x$ 元，则李叔叔的支出为 $3x$ 元，张叔叔收入为 $(8x+240)$ 元，李叔叔的收入为 $(3x+510)$ 元。根据题意，得

$$(8x+240):(3x+510)=8:5,$$
$$40x+1200=24x+4080,$$
$$16x=2880,$$
$$x=180。$$

张叔叔的收入是：

$$8x+240$$
$$=8\times180+240$$
$$=1680（元）；$$

李叔叔的收入是：

$$3x+510$$
$$=3\times180+510$$
$$=1050（元）。$$

答：上个月张叔叔收入 1680 元，李叔叔收入 1050 元。

（3）甲、乙两堆棋子中都有白子和黑子。甲堆中白子与黑子的比是 $2 : 1$，乙堆中白子与黑子的比是 $4 : 7$。如果从乙堆拿出 3 粒黑子放入甲堆，那么甲堆中白子与黑子的比是

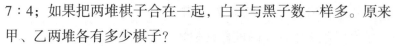

7∶4；如果把两堆棋子合在一起，白子与黑子数一样多。原来甲、乙两堆各有多少棋子？

分析：由"甲堆中白子与黑子的比是 2∶1，如果从乙堆拿出 3 粒黑子放入甲堆，那么甲堆中白子与黑子的比是 7∶4。"可知，甲堆中白子的数量不变，所以甲堆中原来的白子与黑子的比是 14∶7，增加 3 粒黑子后，白子与黑子的比是 14∶8。甲堆原来有黑子 $\frac{3}{8-7} \times 7 = 21$（粒），甲堆原来有白子 $\frac{3}{8-7} \times 14 = 42$（粒），黑子比白子少 $42 - 21 = 21$（粒），甲堆共有棋子 $42 + 21 = 63$（粒）。再根据"如果把两堆棋子合在一起，白子与黑子数一样多，乙堆中白子与黑子的比是 4∶7。"可知，乙堆的黑子有 $\frac{21}{7-4} \times 7 = 49$（粒），白子有 $\frac{21}{7-4} \times 4 = 28$（粒），乙堆共有棋子 $49 + 28 = 77$（粒）。

解：从乙堆拿出 3 粒黑子放入甲堆，甲堆中白子数量不变，甲堆中原来的白子与黑子的比是 14∶7。

增加 3 粒黑子后，白子与黑子的比是 14∶8，

所以甲堆原来有黑子 $\frac{3}{8-7} \times 7 = 21$（粒），

原来有白子 $\frac{3}{8-7} \times 14 = 42$（粒），

甲堆共有棋子 $42 + 21 = 63$（粒），

甲的黑子比白子少 $42 - 21 = 21$（粒）。

又因为乙堆中白子与黑子的比是 4∶7，

所以乙堆的黑子有 $\frac{21}{7-4} \times 7 = 49$（粒），

白子有 $\frac{21}{7-4} \times 4 = 28$（粒）。

乙堆共有棋子49＋28＝77（粒）。

答：原来甲、乙两堆各有63粒、77粒棋子。

课外练习与答案

1. 基础练习题

（1）甲、乙、丙三个数的和是110，甲与乙的比是3∶2，乙与丙的比是4∶1，乙数是多少？

（2）某收费站对过往车辆通行费的收费标准是：大客车30元、中巴车15元、小轿车10元。某一天通过该收费站的大客车、中巴车和小轿车的数量之比是10∶12∶33，这一天收取的中巴车的通行费比小轿车的通行费少1050元。这一天通过该收费站的小轿车有多少辆？

（3）某单位老、中、青职工人数的比是2∶5∶8，老职工比青年职工少60人，中年职工有多少人？

2. 提高练习题

（1）两个容器中各装相同质量的盐水。第一个容器中盐与水的质量比是3∶17，第二个容器中盐与水的质量比是1∶39。把这两个容器中的盐水混合起来，混合溶液中盐与水的质量比是多少？

（2）在10千米赛跑中，第一名到终点时，第二名离终点还有2千米，第三名离终点还有4千米。若速度保持不变，当第二名到终点时，第三名离终点还有几千米？

3. 经典练习题

（1）两个铁环滚过一段距离，一个转50圈，另一个转40

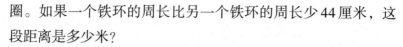

圈。如果一个铁环的周长比另一个铁环的周长少44厘米，这段距离是多少米？

（2）甲、乙、丙、丁四人共植树60棵，甲植树的棵数与其余三人植树的总棵数比为1∶2，乙植树的棵数与其余三人植树的总棵数比为1∶3，丙植树的棵数与其余三人植树的总棵数比为1∶4。丁植树多少棵？

答 案

1. **基础练习题**

（1）乙数是40。

（2）这一天通过该收费站的小轿车有231辆。

（3）中年职工有50人。

2. **提高练习题**

（1）混合溶液中盐与水的质量比是7∶73。

（2）第三名离终点还有2.5千米。

3. **经典练习题**

（1）这段距离是88米。

（2）丁植树13棵。

◆ 怎样简单按比分配

例1：大、小两数的和为20，小数除大数得4，大、小两数各是多少？

"马先生，这道题已经讲过了！"周学敏还不等马先生将题写完，就喊了起来。不错，我们前面是讲过这道题。难道马先生忘了吗？不！我想他一定有别的用意。

"已经讲过的？很好！你就照已经讲过的做出来看看。"马先生叫周学敏将图画在黑板上（如图5-1）。

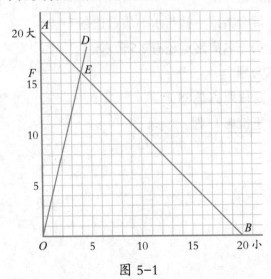

图 5-1

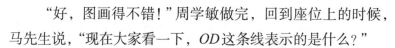

"好，图画得不错！"周学敏做完，回到座位上的时候，马先生说，"现在大家看一下，OD这条线表示的是什么？"

"表示倍数一定的关系，大数是小数的4倍。"周学敏今天不知为什么特别高兴，比平时还喜欢说话。

"我说，它表示比一定的关系，对不对？"马先生问。

"自然对！大数是小数的4倍，也可说是大数和小数的比是4：1，或小数和大数的比是1：4。"王有道抢着回答。

"好！那么，这道题……"马先生说着在黑板上写：依照4和1的比将20分成大小两个数，各是多少呢？

"这道题，在算术中，属于哪一部分呢？"

"按比分配。"周学敏又很快地回答。

这一来，我们当然明白了，按比分配问题的作图法，和四则运算问题中的这种题的作图法，根本上是一样的。

例2：4尺（1米＝3尺）长的线，依照3：5分成两段，这两段各长多少？

现在，在我们当中，我相信谁都会做这道题了。如图5-2，AB表示和一定，4尺的关系。OC表示比一定，3：5的关系。FD等于OE，等于1.5尺；ED等于OF，等于2.5尺。它们的和是4尺，比正好是：

1.5：2.5＝3：5。

算术上的计算法如下：

第一段长：$4 \times \dfrac{3}{3+5} = \dfrac{3}{2}$（尺）；

第二段长：$4 \times \dfrac{5}{3+5} = \dfrac{5}{2}$（尺）。

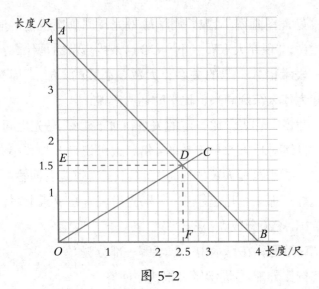

图 5-2

"这道题还有别的画法吗？"马先生在大家做完以后，忽然提出这个问题，但是没有人回答。

"你们还记得用几何画法中的等分线段的方法，来做除法吗？"听马先生这么一说，我们自然想起以前学过的等分线段的方法了。

他接着又说："比是可以看成分数的，这我们早就讲过。分数可看成若干小单位集合成的，不是也讲过吗？把已讲过的三项合起来，我们就可得出本题的另一种做法了。"

"你们不妨把横线表示被分的数量4尺，然后将它等分成（3+5）段。"马先生这样吩咐。

但我们照以前学过的方法，过点O任意画一条直线，马先生却说："这真是食而不化，依样画葫芦，未免小题大做。"他指示我们把纵线当作要画的直线，更是省事。

我先在纵线上取OC等于3，再取CA等于5。连接AB，过点 C 画 CD 与它平行，这实在简捷得多。OD 正好等于 1.5 尺，DB 正好等于 2.5 尺。结果不但和图 5-2 相同，而且把算式比照起来看更要简单，即

$$(3 + 5) : 3 = 4 : x_1。$$

$$\vdots \quad \vdots \quad \vdots \quad \vdots \quad \vdots$$

$$OC \quad CA \quad OC \quad OB \quad OD$$

例 3：把 96 分成三份，第一份是第二份的 4 倍，第二份是第三份的 3 倍，这三份各是多少？

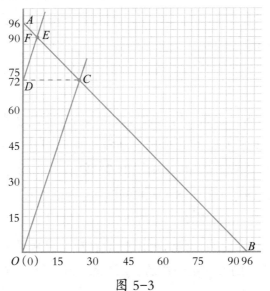

图 5-3

这题不过比前一题复杂一点儿，照前题的方法做应当是不难的。但画图 5-3 时，我却感到了困难。表示和一定的直线 AB 当然毫无疑义可以画，但表示比一定的直线呢？

我们所画过的，都是表示单比的，现在是连比呀！连比！

连比！本题，第一、第二、第三各份的连比，由4：1和3：1，得12：3：1，这如何画线来表示呢？

马先生见我们无从下手，充满疑惑，突然笑了起来，问道："你们读过《三国演义》吗？它的头一句是什么？"

"话说，天下大势，分久必合，合久必分……"一个被我们称为小说家的同学说。

"运用之妙，存乎一心。现在就用得到一分一合了。先把第二、第三两份合起来，第一份与它的比是什么？"

"12：4，等于3：1。"周学敏回答。

依照这个比，我画OC线，得出第一份OD是72。以后呢？又没办法了。

"刚才是分而合，现在就应当由合而分了。DA所表示的是什么？"马先生问。

自然是第二、第三份的和。为什么一下子就迷惑了呢？为什么不会想到把A、C当成独立地看，画3：1来分AC呢？照这个比，画直线DE，得出第二份DF和第三份FA，分别是18和6。72是18的4倍，18是6的3倍，岂不是正合题意吗？

本题的算法很简单，我就不写了。但用第二种方法画图（图5-4），更简明一些，所以我把它画了出来。不过我先画的图和图5-3的形式是一样的：OD表示第一份，DF表示第二份，FB表示第三份。

后来，王有道与我讨论了一番，依照1：3：12的比，画MN、PQ均与CD平行，用ON和OQ分别表示第三份和第二份，它们的数目，一眼望去就明了了。

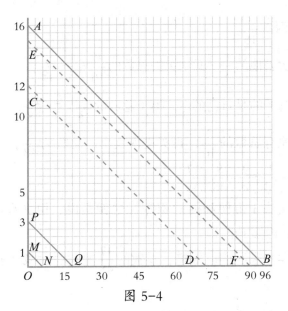

图 5-4

例4：甲、乙、丙三人合买一块地，各人应有土地的比是 $1\frac{1}{2} : 2\frac{1}{2} : 4$。后来甲买进丙的 $\frac{1}{3}$，而卖 1 亩（1 公顷 = 15 亩）给乙，甲和丙的地就相等了。求他们分别原有地多少。

虽然这道题目弯子绕得比较多，但是马先生说过，对付繁杂的题目，最要紧的是化整为零，把它分成几步去做。马先生叫王有道做这个分析工作。

王有道说：第一步，把三个人原有地的连比，化得简单些，就是：

$$1\frac{1}{2} : 2\frac{1}{2} : 4 = \frac{3}{2} : \frac{5}{2} : 4 = 3 : 5 : 8。$$

接着他说：第二步，要求出地的总数，这就要替他们清一清账了。对于总数来说，因为 $3 + 5 + 8 = 16$，所以甲占 $\frac{3}{16}$，乙

占 $\frac{5}{16}$，丙占 $\frac{8}{16}$。

丙卖去他的 $\frac{1}{3}$，就是卖去总数的 $\frac{8}{16} \times \frac{1}{3} = \frac{8}{48}$。

他剩下的是自己的 $\frac{2}{3}$，等于总数的 $\frac{8}{16} \times \frac{2}{3} = \frac{16}{48}$。

甲原有总数的 $\frac{3}{16}$，再买进丙卖出的总数的 $\frac{8}{48}$，这就是总数的 $\frac{3}{16} + \frac{8}{48} = \frac{9}{48} + \frac{8}{48} = \frac{17}{48}$。

甲卖去 1 亩便和丙的相等，这就是说，甲如果不卖这 1 亩，就比丙多 1 亩。

这样一来我们就知道，总数的 $\frac{17}{48}$ 比它的 $\frac{16}{48}$ 多 1 亩。所以总数是：

$$1 \div \left(\frac{17}{48} - \frac{16}{48} \right) = 1 \div \frac{1}{48} = 48 （亩）。$$

这以后，就算王有道不说，我也知道了：

$16 : 3 = 48 : x_{甲}$，

$16 : 5 = 48 : x_{乙}$，

$16 : 8 = 48 : x_{丙}$。

所以 $x_{甲} = \frac{48 \times 3}{16} = 9 （亩）$，

$$x_{乙} = \frac{48 \times 5}{16} = 15 （亩），$$

$$x_{丙} = \frac{48 \times 8}{16} = 24 （亩）。$$

虽然结果已经算了出来，马先生还是叫我们用作图法来再做一次。

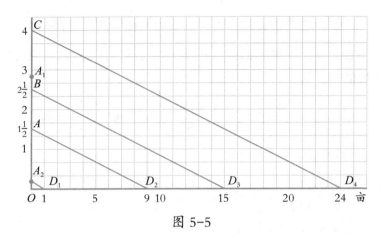

图 5-5

对于作图，我决定用前面王有道同我讨论所得的形式。横线表示地的亩数。纵线：OA 表示甲的 $1\frac{1}{2}$。OB 表示乙的 $2\frac{1}{2}$。OC 表示丙的 4。在 OA 上加 OC 的 $\frac{1}{3}$（4 小段）得 OA_1。从 A_1O 减去 OC 的 $\frac{2}{3}$（8 小段）得 OA_2，这就是后来甲卖给乙的。

连接 A_2D_1（OD_1 表示 1 亩），分别画 AD_2、BD_3、CD_4 与 A_2D_1 平行。

OD_2 指 9 亩，OD_3 指 15 亩，OD_4 指 24 亩，它们的连比，正是

$$9 : 15 : 24 = 3 : 5 : 8 = 1\frac{1}{2} : 2\frac{1}{2} : 4。$$

这样看起来，作图法还是要更简捷一些。

例5：甲工作 6 日，乙工作 7 日，丙工作 8 日，丁工作 9 日，其工价相等。现在甲工作 3 日，乙工作 5 日，丙工作 12 日，丁工作 7 日，共得工资 2464 元，求每个人应得多少元？

自然，这道题，只要先找出四个人各应得工资的连比就容易了。

我想，这是说得过去的，假设他们相等的工价都是1，则他们各人一天所得的工价，便是 $\frac{1}{6}$、$\frac{1}{7}$、$\frac{1}{8}$、$\frac{1}{9}$。而他们应得的工价的比，是

甲：乙：丙：丁 $=\frac{3}{6}:\frac{5}{7}:\frac{12}{8}:\frac{7}{9}=63:90:189:98$。

$63+90+189+98=440$，

$2464\times\frac{1}{440}=5.6$（元）。

甲的工资为 $5.6\times63=352.8$（元），

乙的工资为 $5.6\times90=504$（元），

丙的工资为 $5.6\times189=1058.4$（元），

丁的工资为 $5.6\times98=548.8$（元）。

基本概念与例解

1. 基本概念与解题步骤

（1）基本概念

在农业生产和日常生活中，常常需要把一个数量按照一定的比进行分配，这种分配方法通常叫作按比例分配。

（2）解题步骤

①先根据比求出总份数；

②再求出各部分量占总量的几分之几；

③求出各部分的数量。

例1：六（1）班一共有56名学生，男生人数和女生人数的比是4:3。六（1）班男、女生各有多少人？

分析：男生人数和女生人数的比是4:3，可将男生看作有4份，女生有3份，那么总份数是4+3=7（份），所以男生占$\frac{4}{7}$，女生占$\frac{3}{7}$，因此，六（1）班男生有$56\times\frac{4}{7}=32$（人），女生有$56\times\frac{3}{7}=24$（人），解答即可。

解：4+3=7（份）。

男生有$56\times\frac{4}{7}=32$（人）；

女生有$56\times\frac{3}{7}=24$（人）。

答：六（1）班男生有32人，女生有24人。

例2：某农机公司有拖拉机550台，其中大型拖拉机的台数和小型拖拉机的台数之比是3:8，这两种拖拉机各有多少台？

分析：大型拖拉机的台数和小型拖拉机的台数之比是 $3:8$，那么一共有 $3+8=11$（份），大型拖拉机占 $\dfrac{3}{11}$，小型拖拉机占 $\dfrac{8}{11}$，所以这个县有大型拖拉机 $550 \times \dfrac{3}{11} = 150$（台），小型拖拉机 $550 \times \dfrac{8}{11} = 400$（台）或 $550 - 150 = 400$（台），解答即可。

解：$3+8=11$（份）。

大型拖拉机有 $550 \times \dfrac{3}{11} = 150$（台）；

手扶拖拉机有 $550 \times \dfrac{8}{11} = 400$（台）或 $550 - 150 = 400$（台）。

答：大型拖拉机有 150 台，小型拖拉机有 400 台。

例3：赵佳和李敏的图画书的比是 $4:5$。赵佳有 40 本，李敏比赵佳多几本？

分析：赵佳和李敏的图画书的比是 $4:5$，所以赵佳的图画书为两人图画书总数的 $\dfrac{4}{4+5}$，李敏的图画书为两人图画书总数的 $\dfrac{5}{4+5}$；然后根据赵佳有 40 本图画书算出两人总共有的图画书本数，然后根据比例算出李敏的图画书本数；李敏的图画书本数－赵佳的图画书本数＝李敏比赵佳多的图画书本数。

解：$4+5=9$，

$40 \div \dfrac{4}{9} = 90$（本），

$90 \times \dfrac{5}{9} = 50$（本），$50 - (90-50) = 10$（本）。

答：李敏比赵佳多 10 本图画书。

2. 强化训练

例1：一个长方体，它的棱长和是 480 厘米，长、宽、高的比是4∶3∶1，这个长方体的体积是多少？

分析：用长方体棱长的总和除以4求出长方体一组长、宽、高的和，再根据按比例分配应用题的解题方法分别求出长方体的长、宽、高，最后根据长方体的体积公式进行计算。

解：$480 \div 4 = 120$（厘米）；$4 + 3 + 1 = 8$。

长：$120 \times \dfrac{4}{8} = 60$（厘米）；

宽：$120 \times \dfrac{3}{8} = 45$（厘米）；

高：$120 \times \dfrac{1}{8} = 15$（厘米）。

体积：$60 \times 45 \times 15 = 40\,500$（立方厘米）。

答：这个长方体的体积是40 500立方厘米。

例2：甲、乙两列火车从相距900千米的两地同时相向开出，经过5小时相遇。已知甲、乙两列火车的速度比是4∶5，两列火车每小时各行驶多少千米？

分析：这道题目是按比例分配的问题。

首先可以求出甲、乙两列火车的速度和。甲、乙两列火车的速度比是4∶5，$4 + 5 = 9$，那么甲火车的速度占两车速度和的$\dfrac{4}{9}$，乙火车的速度占两车速度和的$\dfrac{5}{9}$。有速度和，又有两辆火车的速度比，即可求出甲、乙两列火车各自的速度。

解：$900 \div 5 = 180$（千米/时），$4 + 5 = 9$。

甲火车的速度为$180 \times \dfrac{4}{9} = 80$（千米/时）；

乙火车的速度为$180 \times \dfrac{5}{9} = 100$（千米/时）。

答：甲火车每小时行驶 80 千米，乙火车每小时行驶 100 千米。

例3：王老师用 100 元去买了 20 支圆珠笔和 10 支钢笔，每支钢笔的价钱和每支圆珠笔价钱的比是 3：1。买圆珠笔和钢笔各花了多少元？

分析：因为每支钢笔的价钱和每支圆珠笔价钱的比是 3：1，所以可设每支圆珠笔的价钱是 x 元，则每支钢笔的价钱是 $3x$ 元，可列方程 $20 \times x + 10 \times 3x = 100$，解方程即可。

解：设每支圆珠笔的价钱是 x 元，则每支钢笔的价钱是 $3x$ 元。根据题意，得

$$20 \times x + 10 \times 3x = 100,$$
$$50x = 100,$$
$$x = 2。$$

$2 \times 3 = 6$（元）。

买圆珠笔花了 $2 \times 20 = 40$（元）；

买钢笔花了 $6 \times 10 = 60$（元）。

答：买圆珠笔花了 40 元，买钢笔花了 60 元。

例4：甲、乙、丙三位同学共有图书 108 本，乙比甲多 18 本，乙与丙的图书数之比是 5：4。甲、乙、丙三人各有图书多少本？

分析：因为乙与丙的图书数之比是 5：4，所以设乙有 $5x$ 本书，那么甲有（$5x - 18$）本书，丙有 $4x$ 本书。根据甲、乙、丙三位同学共有图书 108 本可列方程 $5x + 5x - 18 + 4x = 108$，解方程即可。

解：设乙有 $5x$ 本书，那么甲有（$5x - 18$）本书，丙有 $4x$

本书。根据题意，得

$$5x + 5x - 18 + 4x = 108,$$

$$14x = 108 + 18,$$

$$14x = 126,$$

$$x = 9。$$

甲有图书 $5 \times 9 - 18 = 27$（本）；

乙有图书 $5 \times 9 = 45$（本）；

丙有图书 $4 \times 9 = 36$（本）。

答：甲、乙、丙三人各有图书27本、45本、36本。

应用习题与解析

1. 基础练习题

（1）学校把购进的图书的 60% 按 $2:3:4$ 分配给四、五、六年级。已知六年级分得56本，请问学校共购进图书多少本？

考点：按比例分配应用问题。

分析：四、五、六年级获得的图书数量比为 $2:3:4$，已知六年级分得56本，那么可以根据六年级获得的图书数量求出总的图书数量。六年级获得的图书数量占三个年级图书数量的 $\dfrac{4}{2+3+4}$，又已知这三个年级分得的图书只是所有图书的 60%，所以学校共购进图书 $56 \div \dfrac{4}{2+3+4} \div 60\%$ 本，解答即可。

解：$56 \div \dfrac{4}{2+3+4} \div 60\%$

$$= 56 \div \dfrac{4}{9} \div \dfrac{6}{10}$$

$$=56 \times \frac{9}{4} \times \frac{10}{6}$$

$$=210（本）。$$

答：学校共购进图书210本。

（2）小明居住的院内有4户，上月交水费39.2元，其中张叔叔家有2人，王奶奶家有4人，李阿姨家有3人，小明家有5人，若按人口计算，他们四家应分别交水费多少元？

考点：按比例分配应用问题。

分析：根据四家人数分别为2，4，3，5，求出各家人数占总人数的比，然后用总水费钱数分别与之相乘即得结果。

解：$2+4+3+5=14$，

张叔叔家应交水费$39.2 \times \frac{2}{14}=5.6$（元）；

王奶奶家应交水费$39.2 \times \frac{4}{14}=11.2$（元）；

李阿姨家应交水费$39.2 \times \frac{3}{14}=8.4$（元）；

小明家应付交费$39.2 \times \frac{5}{14}=14$（元）。

答：张叔叔家应交水费5.6元，王奶奶家应交水费11.2元，李阿姨家应交水费8.4元，小明家应交水费14元。

（3）一项工程，甲、乙两人合做需要6天完成，已知甲、乙两人的工作效率之比是1：3。甲、乙两人独立完成这项工程各需要多少天？

考点：正比例在工程问题中的应用。

分析：把这项工程的量看作单位"1"，甲、乙两人的工作效率比是1：3，依据工作时间一定，工作量和工作效率成

正比可得，工作量比就是1：3，先求出两人完成工作量占工作总量的分率，再依据工作效率＝工作量÷工作时间，求出两人各自的工作效率，最后根据工作时间＝工作量÷工作效率即可解答。

解：1＋3＝4。

$$1 \div \left(\frac{1}{4} \div 6 \right)$$

$$= 1 \div \frac{1}{24}$$

$$= 24（天）。$$

$$1 \div \left(\frac{3}{4} \div 6 \right)$$

$$= 1 \div \frac{1}{8}$$

$$= 8（天）。$$

答：甲独立完成这项工程需要24天，乙独立完成这项工程需要8天。

（4）六年级学生三天共植树150棵，第一天与第二天植树的棵数比是5：6，第二天与第三天植树的棵数比是3：2。这三天各植树多少棵？

考点：按比例分配应用问题。

分析：第一天植树棵数：第二天植树棵数＝5：6，第二天植树棵数：第三天植树棵数＝3：2＝6：4，所以第一天、第二天、第三天植树棵数之比是5：6：4。这三天一共植树5＋6＋4＝15（份），那么第一天植树占总植树量的 $\frac{5}{15}$，第二天植树占总植树量的 $\frac{6}{15}$，第三天植树占总植树量的 $\frac{4}{15}$，用三天总共植树的棵数分别乘三天植树所占的比即可。

解：根据题意，得

第一天、第二天、第三天植树棵数之比是 5：6：4，三天共植树 5+6+4=15（份）。

第一天植树 $150 \times \dfrac{5}{15} = 50$（棵）；

第二天植树 $150 \times \dfrac{6}{15} = 60$（棵）；

第三天植树 $150 \times \dfrac{4}{15} = 40$（棵）。

答：这三天分别植树 50 棵、60 棵、40 棵。

（5）已知甲、乙、丙三个数的平均数是 84，甲、乙、丙三个数的比是 3：4：5，甲、乙、丙三个数各是多少？

考点：按比例分配应用问题。

分析：先根据它们的平均数求出三个数的和是多少，再根据它们的比可知甲数占和的 $\dfrac{3}{3+4+5}$，乙数占和的 $\dfrac{4}{3+4+5}$，丙数占和的 $\dfrac{5}{3+4+5}$，从而求出甲、乙、丙三个数各是多少。

解：甲、乙、丙三个数的和为 $84 \times 3 = 252$。

甲数为 $252 \times \dfrac{3}{3+4+5} = 63$；

乙数为 $252 \times \dfrac{4}{3+4+5} = 84$；

丙数为 $252 \times \dfrac{5}{3+4+5} = 105$。

答：甲数为 63，乙数为 84，丙数为 105。

（6）大、小两瓶油共重 2.7 千克，大瓶的油用去 0.2 千克后，剩下的油与小瓶内油的质量比是 3：2。大、小瓶里原来

各装油多少千克？

考点：按比例分配问题。

分析：设大瓶原来装油 x 千克，那么小瓶原来装油（2.7 − x）千克，后来大瓶装油（x − 0.2）千克。再由"剩下的油与小瓶的油的质量比是 3∶2"，列出比例解答即可。

解：设大瓶原来装油 x 千克，小瓶原来装油（2.7 − x）千克。根据题意，得

$$（x - 0.2）∶（2.7 - x）= 3∶2，$$
$$3（2.7 - x）= 2（x - 0.2），$$
$$8.1 - 3x = 2x - 0.4，$$
$$5x = 8.1 + 0.4，$$
$$x = 8.5 ÷ 5，$$
$$x = 1.7。$$

小瓶原来装油 2.7 − 1.7 = 1（千克）。

答：大瓶原来装油 1.7 千克，小瓶原来装油 1 千克。

2. 巩固提高题

（1）为了贯彻落实"精准扶贫"精神，某市扶贫办根据 A 村当地实际情况制订了一系列关于帮扶 A 村的计划。其中一项计划是运送一批鱼苗到 A 村养殖。已知这批鱼苗中鲢鱼、鳙鱼和鲤鱼一共有 30 600 条，其中鲤鱼条数与其他两种鱼的条数比是 1∶4，鲢鱼的条数与鳙鱼的条数比是 3∶5。这批鱼苗中鲢鱼、鳙鱼和鲤鱼各有多少条？

考点：按比例分配问题。

分析：由题意可知，鲤鱼∶（鲢鱼 + 鳙鱼）= 1∶4，鲢鱼∶鳙鱼 = 3∶5，鲢鱼 + 鳙鱼 = 3 + 5 = 8，所以鲤鱼∶（鲢鱼 + 鳙

鱼）=1：4=2：8。所以鲤鱼：鲢鱼：鳙鱼=2：3：5。2+3+5=10，鲤鱼占总鱼数的 $\frac{2}{10}$，鲢鱼占总鱼数的 $\frac{3}{10}$，鳙鱼占总鱼数的 $\frac{5}{10}$，三种鱼的总数已知，所以三种鱼各有多少条就可以算出。

解：因为鲤鱼：（鲢鱼+鳙鱼）=1：4，

3+5=8，

所以鲤鱼：（鲢鱼+鳙鱼）=1：4=2：8。

所以鲤鱼：鲢鱼：鳙鱼=2：3：5。

2+3+5=10，

鲤鱼：$30\,600 \times \frac{2}{10} = 6120$（条）；

鲢鱼：$30\,600 \times \frac{3}{10} = 9180$（条）；

鳙鱼：$30\,600 \times \frac{5}{10} = 15\,300$（条）。

答：鲢鱼有9180条，鳙鱼有15 300条，鲤鱼有6120条。

（2）一个直角三角形的两个锐角的度数比是1：5，那么这两个锐角各是多少度？

考点：按比例分配在平面几何中的应用。

分析：因为直角三角形的两个锐角的度数和是90度，所以根据三角形的两个锐角的度数比是1：5，需要求出一个锐角占两个锐角度数和的几分之几，由此根据分数乘法的意义，列式解答即可。

解：$90 \times \dfrac{1}{1+5}$

$$=90 \times \frac{1}{6}$$

$$=15（度），$$

$$90-15=75（度）。$$

答：这两个锐角分别是15度和75度。

（3）纸箱里有红、绿、黄三种颜色的球，红色球的个数是绿色球的$\frac{3}{4}$，绿色球的个数与黄色球个数的比是4∶5。已知绿色球与黄色球共有81个，红、绿、黄三种颜色的球各有多少个？

考点：按比例分配问题。

分析：（方法一）已知红色球的个数是绿色球的$\frac{3}{4}$，那么红色球的个数与绿色球个数的比是3∶4，因为绿色球的个数与黄色球个数的比是4∶5，所以可以把红色球的个数看作3份，则绿色球的个数是4份，黄色球的个数是5份；再根据"绿色球与黄色球共有81个"即可求出一份是多少，所以三种颜色球的个数也可求出。（方法二）同（方法一）将红、绿、黄三色球分别看作3份、4份、5份，总共$3+4+5=12$（份），根据"绿色球与黄色球共有81个"可求出三色球总共的个数，即$81 \div \left(\frac{4}{12}+\frac{5}{12} \right)=108$（个），所以红色球的个数为$108-81=27$（个），绿色球的个数为$108 \times \frac{4}{12}=36$（个），黄色球的个数为$108 \times \frac{5}{12}=45$（个）。

解：（方法一）由题意，得

红色球个数∶绿色球个数∶黄色球个数$=3∶4∶5$。

所以共有$3+4+5=12$（份）。

1份是81÷（4+5）=9（个）。

红色球：9×3=27（个）；

绿色球：9×4=36（个）；

黄色球：81−36=45（个）。

（方法二）因为红色球的个数是绿色球的$\frac{3}{4}$，

所以红色球的个数：绿色球的个数=3：4。

又因为绿色球个数：黄色球个数=4：5，

所以红色球的个数：绿色球的个数：黄色球的个数=3：4：5。

3+4+5=12（份）。

$81 \div \left(\frac{4}{12} + \frac{5}{12} \right) = 108$（个）。

红色球：108−81=27（个）；

绿色球：$108 \times \frac{4}{12} = 36$（个）；

黄色球：$108 \times \frac{5}{12} = 45$（个）。

答：红色球有27个，绿色球有36个，黄色球有45个。

奥数习题与解析

1. 基础训练题

（1）甲、乙、丙三个运输队，甲队有载质量3吨的汽车10辆，乙队有载质量4吨的汽车8辆，丙队有载质量4.5吨的汽车6辆。把运534吨货物的任务按运输能力分配给三个运输队，每个运输队应分配多少吨？

分析：先算出甲、乙、丙三个运输队分别能运输多少货物，即算出三个运输队运输货物的比；总共有534吨货物，甲、乙、丙运输的货物各占总货物的比能够算出，所以每个运输队应该运输多少货物就可以算出。

解：$(3 \times 10) : (4 \times 8) : (4.5 \times 6) = 30 : 32 : 27$。

甲队：$534 \times \dfrac{30}{30+32+27} = 180$（吨）；

乙队：$534 \times \dfrac{32}{30+32+27} = 192$（吨）；

丙队：$534 \times \dfrac{27}{30+32+27} = 162$（吨）。

答：甲队应分配180吨，乙队应分配192吨，丙队应分配162吨。

（2）甲、乙两个数的平均数是25，甲数与乙数的比是$3:4$，甲、乙两数各是多少？

分析：根据"甲、乙两个数的平均数是25"可以求出甲、乙两数的和，再根据"甲数与乙数的比是$3:4$"即可求出一份是多少，甲、乙两数亦可求出。

解：根据题意，得

甲数：$25 \times 2 \times \dfrac{3}{3+4} = \dfrac{150}{7}$；

乙数：$25 \times 2 \times \dfrac{4}{3+4} = \dfrac{200}{7}$。

答：甲数是$\dfrac{150}{7}$，乙数是$\dfrac{200}{7}$。

（3）有一份180页的稿件，单独录入，甲需要5小时20分完成，乙需要4小时40分完成。那么两人合作完成这份稿件的录入工作，每人各录入多少页？

分析：先将甲、乙用时之比转化为分数形式，5小时20分=$\frac{16}{3}$小时，4小时40分=$\frac{14}{3}$小时；然后求出甲、乙两人的工作效率之比；一份稿件的总页数已知，所以每人录入页数可以算出。

解：因为5小时20分=$\frac{16}{3}$小时，4小时40分=$\frac{14}{3}$小时，

所以甲、乙两人的工作效率之比是：

$$\left(1\div\frac{16}{3}\right):\left(1\div\frac{14}{3}\right)=7:8。$$

甲：$180\times\frac{7}{8+7}=84$（页）；乙：$180\times\frac{8}{8+7}=96$（页）。

答：甲录入84页，乙录入96页。

2. 拓展训练题

（1）把高是78厘米的圆柱沿高按7∶6的比截成两个小圆柱，截开后表面积比原来增加8平方厘米。两个小圆柱的体积各是多少立方厘米？

分析：截开后表面积比原来增加8平方厘米，截开后多出两个圆柱的底面，所以一个小圆柱的底面积是8÷2=4（平方厘米），那么这个高是78厘米的圆柱的底面积就是4；根据圆柱的体积公式"底面积×高"可以算出圆柱的体积；根据截成的两个小圆柱的比可以算出每个小圆柱的体积。

解：这个高是78厘米的圆柱的底面积为：

8÷2=4（平方厘米）。

这个高是78厘米的圆柱的体积为：

4×78=312（立方厘米）。

$$312 \times \frac{6}{7+6} = 144 （立方厘米）；$$

$$312 \times \frac{7}{7+6} = 168 （立方厘米）。$$

答：这两个小圆柱的体积分别是144立方厘米和168立方厘米。

（2）甲仓库存粮食110吨，乙仓库存粮食70吨，从甲仓取出多少吨粮食放入乙仓库后，甲、乙两仓库存粮食吨数的比是5∶13?

分析：可以设从甲仓取出 x 吨粮食放入乙仓库后，甲、乙两仓库存粮食吨数的比是5∶13，那么就有（110−x）∶（70+x）=5∶13，解比例即可。

解：设从甲仓取出 x 吨粮食放入乙仓。根据题意，得

$$（110-x）∶（70+x）=5∶13，$$

$$（110-x）\times 13 = （70+x）\times 5，$$

$$1430 - 13x = 350 + 5x，$$

$$18x = 1080，$$

$$x = 60。$$

答：从甲仓取出60吨粮食放入乙仓库后，甲、乙两仓库存粮食吨数的比是5∶13。

（3）某公司共有职工375人，其中有80%的人获得奖金，奖金分为三个等级，每个等级奖金数分别为160元、120元、80元，获一、二、三等奖的人数的比为2∶9∶19，那么获一、二、三等奖的人数各是多少？奖金总额是多少？

分析：先算出获奖人数为375×80%=300（人）；再根据获奖人数的比算出每等奖的比例分配，2+9+19=30，即一

等奖人数占 $\dfrac{2}{30}$，二等奖人数占 $\dfrac{9}{30}$，三等奖人数占 $\dfrac{19}{30}$；最后每等奖获奖人数可知。根据每个等级奖金数分别为 160 元、120 元、80 元和每个等级获奖人数算出分配奖金总额，解答即可。

解：$375 \times 80\% = 300$（人）。

$2 + 9 + 19 = 30$。

$300 \times \dfrac{2}{30} = 20$（人）；

$300 \times \dfrac{9}{30} = 90$（人）；

$300 \times \dfrac{19}{30} = 190$（人）。

$160 \times 20 + 120 \times 90 + 190 \times 80$

$= 3200 + 10\,800 + 15\,200$

$= 29\,200$（元）。

答：获得一等奖的有 20 人，二等奖的有 90 人，三等奖的有 190 人。奖金总额为 29 200 元。

课外练习与答案

1. 基础练习题

（1）甲、乙两数比是 5 : 3，乙数是 60，甲数是多少？

（2）刘大伯养鸡、鸭、鹅共 1800 只，这三种家禽只数比是 5 : 3 : 1，刘大伯养鸡、鸭、鹅各多少只？

（3）某运输公司有三个汽车队，一队有 9 辆载重汽车、二队有 8 辆载重汽车、三队有 7 辆载重汽车，每辆车载质量都

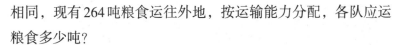

相同，现有264吨粮食运往外地，按运输能力分配，各队应运粮食多少吨？

（4）分别以1：2：10的石灰、硫黄和水配农药。现在要配制农药650千克。需要石灰、硫黄和水各多少千克？

2. 提高练习题

（1）把一批书按4：5：6的比分给甲、乙、丙三个班，已知甲班比丙班少分24本，三个班共分到多少本书？

（2）用84厘米长的铜丝围成一个三角形，这个三角形三条边的长度比是3：4：5。这个三角形三条边的长分别是多少厘米？

（3）一个等腰三角形的铁片，顶角和一个底角的度数的比是4：3。这个等腰三角形的顶角和底角各是多少度？

（4）42名同学到面积分别是60平方米和80平方米的菜园去帮忙种菜。如果按面积大小分配人员，这两处菜园应分别去多少名同学？

3. 经典练习题

（1）某校参加电脑兴趣小组的有42人，其中男、女生人数的比是4：3，男生有多少人？

（2）做一个60克的豆沙包，需要面粉、红豆、糖的比是3：2：1。面粉、红豆、糖各需要多少克？

（3）学校把540本画册按4：5借给三年级和五年级的学生，每个年级各分到画册多少本？

（4）甲、乙、丙三个车间人数的和是420人，甲车间和乙车间的人数比是2：3，乙车间和丙车间的人数比是4：5，甲、乙、丙三个车间各有多少人？

答 案

1. 基础练习题

（1）甲数是100。

（2）刘大伯养鸡、鸭、鹅分别为1000只、600只、200只。

（3）一队应运粮食99吨，二队应运粮食88吨，三队应运粮食77吨。

（4）需要石灰、硫黄和水分别为50千克、100千克、500千克。

2. 提高练习题

（1）甲班分到48本书，乙班分到60本书，丙班分到72本书。

（2）这个三角形三条边的长分别是21厘米、28厘米、35厘米。

（3）这个等腰三角形的顶角是72度，两个底角都是54度。

（4）18名同学去面积为60平方米的菜园，24名同学去面积为80平方米的菜园。

3. 经典练习题

（1）男生有24人。

（2）面粉、红豆、糖各需要30克、20克、10克。

（3）三年级分到240本画册，五年级分到300本画册。

（4）甲车间有96人，乙车间有144人，丙车间有180人。